Royal Botanic Gardens Kew

VON DER PFLANZE
ZUM PARFUM

DUFT

DER BOTANISCHE
URSPRUNG DES DUFTES

GLOSSAR

Absolue: Eine hochkonzentrierte Substanz, die aus Pflanzen extrahiert wird.

Akkord: Eine harmonische Kombination aus mehreren Zutaten, bei der eine ganz neue, andere Duftnote entsteht.

Ambrée: Eine Duftfamilie, die vor allem durch schwere Basisnoten besticht und oft würzig, holzig und/oder harzig riecht. Früher wurde dafür der Begriff „orientalisch" verwendet, der aber heute als abwertend verstanden wird.

Animalisch: Eine Beschreibung für Düfte, die an Stoffe tierischen Ursprungs erinnern, zum Beispiel Moschus.

Basisnoten: Sie bilden die Grundlage eines Parfums und sind am längsten riechbar.

Chypre: Eine Duftfamilie, die einer klassischen Zusammenstellung folgt: zitrische Kopfnoten (häufig Bergamotte), ein blumiges Herz und eine erdige Basis aus Eichenmoos, Labdanum und manchmal Patschuli.

Concrète: Eine wachsartige Paste, die bei der Extraktion von frischem Pflanzenmaterial entsteht und normalerweise für die Herstellung von Absolues verwendet wird.

Drydown: Die letzte Phase eines Dufts, in der er noch wahrgenommen werden kann. Die Kopf- und Herznoten haben sich bereits verflüchtigt und nur die am längsten haltbaren Basisnoten sind noch zu riechen.

Fougère: Eine „grüne" Duftfamilie aus holzigen und moosigen Noten. Wird in der Regel als eher maskuliner Duft eingestuft.

Fraktionierte Destillation: Eine Methode, bei der durch wiederholtes Verdampfen und Kondensieren eines Gemischs Moleküle aus natürlichen Stoffen getrennt werden.

Gourmand: Ein Duft, der aus essbaren Noten wie Schokolade, Honig oder Kaffee besteht.

Herznoten: Sie bilden den zentralen Charakter eines Dufts und haben eine mittlere Haltbarkeit (die Zeit, bis sie verflüchtigt sind).

Kopfnoten: Der erste Eindruck eines Dufts, der sich am schnellsten verflüchtigt.

Lösungsmittelextraktion: Ein Trennverfahren, bei dem ein Material in ein Lösungsmittel eingelegt wird, wodurch die darin enthaltenen Duftstoffe „herausgezogen" werden.

Monoterpenoide: Eine Klasse von Naturstoffen deren chemische Struktur in der Regel zehn Kohlenstoffatome enthält.

Naturidentisch: Ein synthetischer Duft, der die gleiche chemische Struktur wie ein natürlich vorkommender Stoff hat.

Oleogummiresin: Ein Pflanzenstoff, der aus Öl (Oleo), Gummi und Harz (Resin) besteht. Es sieht ölig aus und ist teilweise in Wasser und Alkohol löslich.

Parfumorgel: Ein personalisiertes Möbelstück, auf dem alle Duftbausteine eines Parfumeurs oder einer Parfumeurin angeordnet sind.

Sesquiterpenoide: Eine Klasse von Naturstoffen, deren chemische Struktur in der Regel fünfzehn Kohlenstoffatome enthält. Das heißt, dass sie als Duftzutaten weniger flüchtig sind.

Soliflor: Ein Parfum, das die Noten einer bestimmten Blume hervorhebt, auch wenn es auch Noten von anderen enthält.

Stumm: Blumen, aus denen man keinen Duft oder nicht genug Absolue gewinnen kann, werden „stumm" oder „geruchlos" genannt. Beispiele dafür: Maiglöckchen, Veilchen oder Pfingstrosen. Ihr Duft wird künstlich erzeugt.

Royal Botanic Gardens Kew

VON DER PFLANZE
ZUM PARFUM

DUFT

DER BOTANISCHE
URSPRUNG DES DUFTES

JOSH CARTER und
SAMUEL GEARING

Mit Texten von
Eliot Jan-Smith und Melanie-Jayne R. Howes

Librero

INHALT

EINLEITUNG

Während der Arbeit an diesem Buch fragten wir einige unserer Freunde und Verwandte, was für sie das Wort *Kommunikation* bedeute. Viele der Antworten, die dann folgten, bezogen sich auf typisch menschliche Formen der Kommunikation: Sprache, Gesten, Mimik oder sichtbare Signale wie Farben und Formen.

Doch nach einigen Überlegungen kamen alle zu dem Schluss, dass Kommunikation weitaus einfacher abläuft. Ein Wörterbuch definiert sie zum Beispiel als Vorgang, bei dem etwas „weitergegeben, ausgetauscht oder übermittelt" wird.

Stellen Sie sich kurz die Kommunikation in der folgenden faszinierenden Beziehung vor. An einem Sommerabend flattert ein Nachtfalter durch einen Garten. Inmitten der Vielfalt an Farben lockt ihn der honigsüße Duft einer nahen Kletterpflanze, die uns unter dem Namen „Geißblatt" bekannt ist.

Tagsüber sammeln Bienen und Schmetterlinge den Nektar des Echten Geißblatts, aber der Nachtfalter ist für die Pflanze der Bestäuber erster Wahl, da er mit seinem langen Saugrüssel tief in die Blüten gelangt. Darum singt das Geißblatt seinen Lockruf in der Abenddämmerung ganz besonders laut – um den Schwärmer auf sich aufmerksam zu machen.

In der Natur finden sich unzählige Beispiele wie dieses. Da Pflanzen nicht sprechen können, setzen sie ihre Düfte für weit mehr als reinen Wohlgeruch ein, und zwar auch, um Botschaften zu übermitteln, Verbindungen zu knüpfen und um zu überleben.

Diese Urinstinkte spiegeln sich auch in uns Menschen wider. Unser Geruchssinn verbessert unsere Fähigkeit, Nahrung aufzuspüren, Gefahren zu wittern oder einen Partner zu wählen. Und auch wir verbreiten einen eigenen Duft, der nicht nur in unseren Beziehungen eine wichtige Rolle spielt, sondern wohl auch so einzigartig ist wie unser Fingerabdruck.

Doch obwohl Menschen über eine ausgeprägte Olfaktion (Geruchswahrnehmung) verfügen, spielt sich der Großteil davon im Unterbewusstsein ab. Paare, die ein Leben lang zusammen bleiben, führen den Erfolg ihrer Beziehung normalerweise nicht auf ihre olfaktorische Kompatibilität zurück.

Ebenso können nur wenige Menschen erklären, warum sie zu den Duftstoffen ganz anderer Spezies eine tiefe emotionale Verbindung spüren – aber sie tun es. Die richtige Kombination aus Rohstoffen entführt uns in eine Welt aus sinnlichen Assoziationen, die Erinnerungen wecken, Neugier erzeugen und sogar unsere Stimmung verändern können.

Duftstoffe faszinieren Menschen seit frühester Zeit. In Kulturen auf der ganzen Welt werden sie schon lange als Brücke zum Göttlichen verehrt und wegen ihrer heilenden, beruhigenden, stimulierenden, verschönernden und vor allem verbindenden Wirkung geschätzt.

Die komplexe Anziehung, die Düfte aus der Natur auf uns ausüben, führte dazu, dass unser Verlangen nach ihnen seit Jahrtausenden unersättlich ist. Doch ihre Gewinnung kann sich äußerst schwierig gestalten. Das Kultivieren, Ernten, Extrahieren und Weiterverarbeiten der Rohstoffe ist extrem aufwendig und erfordert nicht gerade wenig Geduld.

Aus diesem Grund waren Parfums in der Vergangenheit nur den Wohlhabendsten vorbehalten, doch unsere Fülle an geteiltem Wissen, die globale Infrastruktur und ausgeklügelte Produktionsverfahren ermöglichen es, dass mittlerweile selbst die seltensten und arbeitsintensivsten Rohstoffe das ganze Jahr über zur Verfügung stehen. Heute sind Düfte allgegenwärtig und die Materialien, die einst für Königinnen und Könige reserviert waren, werden nun in Alltagsprodukten verwendet – und scheinen jederzeit und sofort erhältlich zu sein.

Diese ständige Verfügbarkeit erweckt den Anschein, dass die Parfumschöpfung keine Geduld erfordernde Kunst mehr ist. Im Zeitalter der künstlichen Intelligenz, das die Möglichkeit bietet, ganz ohne menschliches Zutun bemerkenswerte neue Düfte zu kreieren, halten sie viele wohl für gar keine Kunst mehr.

Die große Ironie – oder vielleicht Schönheit – daran ist, dass trotz des scheinbar omnipräsenten Angebots viele der Prinzipien

der Parfumerzeugung noch die Alten sind. Die Herstellung von Irisbutter dauert immer noch Jahre. Viele Rosen werden nach wie vor im Morgengrauen von Hand gepflückt. Duftgehölze wachsen immer noch wunderbar langsam und werden oft von den Nachkommen derer, die sie gepflanzt haben, gehegt.

Während wir mit rasender Geschwindigkeit immer tiefer in die digitale Ära vorstoßen, bleibt die Parfumproduktion eine der wenigen Künste, die noch auf der Sprache der Natur beruht.

In diesem Buch stellen wir Ihnen 100 Riechstoffe vor, deren einzigartige olfaktorische Botschaften die Arbeit von Parfumeuren auf der ganzen Welt beeinflussen. Jeder von ihnen schenkt uns die Möglichkeit, unsere eigenen Botschaften auszusenden – die ebenfalls ganze Bücher füllen könnten. Unsere Auswahl ist natürlich nicht komplett, sondern soll die vergängliche Pracht unseres Planeten würdigen – als Hommage an eine feinsinnige Kunst, der es immer noch gelingt, unsere Wahrnehmung der Welt zu verändern. Aber vor allem ist es ein Lobgesang an eine lang gehegte Vermutung: dass die Natur eine Stimme hat.

Ein Hinweis zur Gestaltung des Buchs: Den wissenschaftlichen Hintergrund zu den botanischen Zutaten der Parfums liefern die Texte von Eliot Jan-Smith und Melanie-Jayne R. Howes, die Experten der Royal Botanic Gardens von Kew, die an der Entstehung dieses Buchs mitgearbeitet haben. Diese Absätze sind durch eine schwarze Linie vom Haupttext getrennt (und auch die informative Einleitung zu den Zitruspflanzen stammt von diesen beiden Autoren). Die bezaubernden Illustrationen stammen aus dem Archiv der Kew Gardens.

ZITRUS

ZITRUSFRÜCHTE

Citrus spp. – Rutaceae

Die Gattung *Citrus* gehört in die Familie der Rautengewächse (*Rutaceae*) und ist weit verzweigt. Ihre Heimat erstreckt sich im Osten vom Himalaya bis nach China und im Süden über Indonesien bis in den Norden Australiens. Wie viele natürlich vorkommende Arten es gibt, ist nicht genau bekannt.

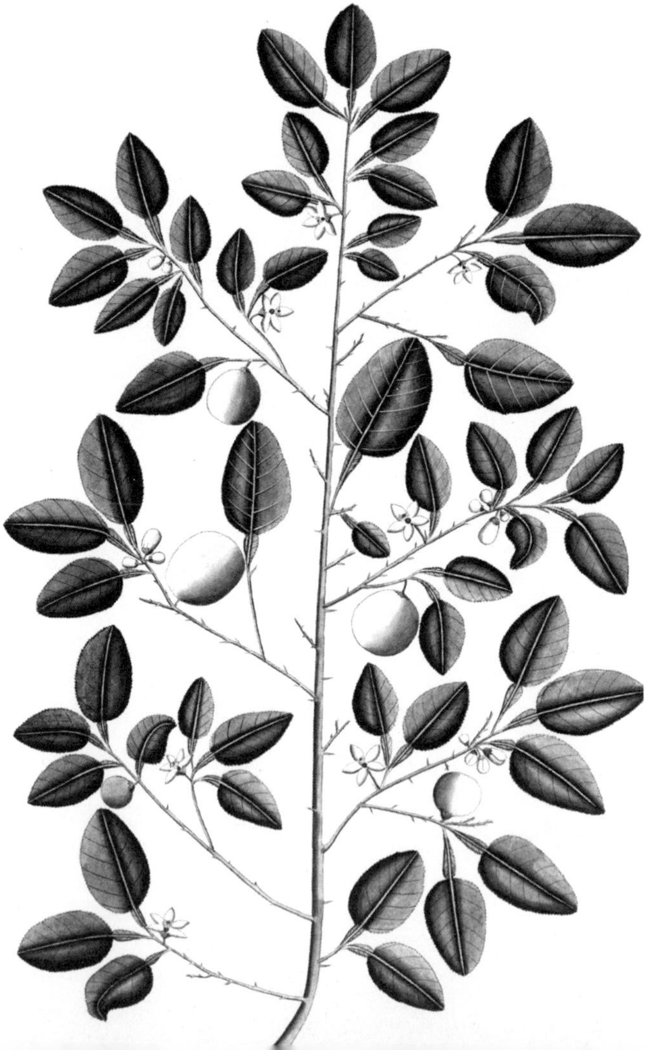

Das liegt vor allem daran, dass sich Zitruspflanzen sehr leicht untereinander kreuzen – viele der kommerziell wichtigsten Arten sind das Ergebnis einer komplexen Reihe von Hybridbildungen, gefolgt von Jahrhunderten der selektiven Züchtung.

Zu den am häufigsten angebauten Zitrusfrüchten gehören: Zitronen, Limetten, Orangen (süße, Bitter- und Blutorangen), Grapefruits, Clementinen, Tangerinen, Bergamotten (die dem Earl Grey sein typisches Aroma verleihen), Yuzus (eine Kreuzung der Mandarine, von der in erster Linie die Öle aus der Schale verwendet werden) und Mandarinen. Von diesen gilt nur die Mandarine als natürliche Art, alle anderen sind Hybriden aus vorwiegend drei Arten: Mandarine (*C. reticulata*), Pampelmuse (*C. maxima*) und Zitronatzitrone (*C. medica*). Die Kreuzungen unterscheiden sich stark von ihren Vorfahren. In der Regel werden Zitruspflanzen auf dünnere Schale, saftigeres Fruchtfleisch, mehr Süße, duftendere ätherische Öle und weniger Samen selektiert, aber auch auf ihre Schädlingsresistenz oder einen höheren Ertrag an Früchten.

Zitruspflanzen bevorzugen wärmere Gebiete und müssen vor Frost geschützt werden. In der Vergangenheit besaßen Schlösser und fürstliche Anwesen oft eine Orangerie – ein eigenes Gebäude für die Kultivierung von Zitruspflanzen (gleichermaßen ein Statussymbol und Nahrungsmittel). Orangerien benötigten große Fenster, um den Raum mit Licht zu fluten, mussten aber im Winter warm bleiben, was in einer Zeit, in der es noch keine Doppelverglasung oder Heizungen gab, schwierig und teuer war.

Der Saft der meisten Zitrusfrüchte ist sauer, was je nach Zuckergehalt der Frucht mehr oder weniger durch Süße ausgeglichen wird. Für den Säuregehalt ist hauptsächlich die Zitronensäure verantwortlich. Sie heißt so, weil sie als erstes in Zitronensaft entdeckt wurde. In der Küche wird Zitronensaft oft zum Deglacieren, Auflösen und Gerinnenlassen verwendet und ist für alles nützlich, wo Säure benötigt wird.

Zitrusfrüchte sind reich an Vitamin C in der Form Ascorbinsäure (wobei sich *Ascorbin*- auf ihre Anti-Skorbut-Wirkung bezieht, also auf die Vorbeugung eines Vitamin-C-Mangels). Frische Zitrusfrüchte wurden von Seefahrern schon vor Jahrhunderten zum Schutz vor Skorbut verzehrt, da die Krankheit auf langen Reisen viele Todesopfer forderte. Um das zu verhindern, versorgte die britische Marine ihre Schiffe mit Limettensaft. (Von daher stammt wohl auch der amerikanische Ausdruck „Limey“ für einen britischen Matrosen oder die Briten allgemein.)

Die Schale von Zitrusfrüchten steckt voller ätherischer Öle – die allein schon durch Drücken oder Drehen der Schale zum Vorschein kommen, ganz ohne Destillation. Der Hauptbestandteil von Zitrusölen ist oft der Stoff Limonen. Wie sein Name vermuten lässt, erzeugt er den charakteristischen Zitrusduft.

ZITRONE

Citrus x limon

Im Mittelalter wurde allmählich die heilende Wirkung von Düften erkannt. Die Hygiene war mangelhaft und üble Gerüche allgegenwärtig. Kein Wunder, dass Duftwässer nicht nur beliebt waren, sondern auch als medizinische Wundermittel hoch im Kurs standen.

Das älteste Parfum (ein Duft auf Alkoholbasis), das wir heute als ein solches erkennen würden, ist das „Ungarisch Wasser“. Es war die Weiterentwicklung einer Rosmarintinktur, die „Königin-von-Ungarn-Wasser“ genannt wurde und als Allheilmittel galt. Die neue Version enthielt auch Zitrusnoten, vor allem aus der Zitrone.

Das Ungarisch Wasser mit seinem charakteristischen Zitrusduft war der Vorgänger zum Kölnisch Wasser, dessen französischer Name „Eau de Cologne“ so berühmt wurde, dass er zum Oberbegriff für Düfte dieser Art wurde.

Heute werden jedes Jahr geschätzte zehn Millionen Zitronen verarbeitet. Für die Parfumherstellung ist davon vor allem die Schale interessant. Das ätherische Öl mit seinem unverkennbar lebendigen Duft wird mittels Kaltpressung von Hand oder maschinell aus der Schale extrahiert.

Der Geruch des kaltgepressten Zitronenöls erinnert mit seinem zitrisch-süßen Duftprofil stark an den der Schale selbst. Als Kopfnote verwendet verleiht die Zitrone einem Parfum oft eine prickelnde Frische. Zwar hält der Duft nicht besonders lange an, aber es gelingt ihm, sich aus einer Mischung deutlich abzuheben.

ESSENZIELLE PARFUMS

4711
von Muelhens

Replica Under the Lemon Trees
von Maison Margiela

L’Etrog Acqua
von Arquiste

BERGAMOTTE

Citrus bergamia

Es heißt, die Bergamottebauern aus der italienischen Region Kalabrien hätten die gleiche Widerstandskraft wie die robusten Obstbäume, die sie ein Leben lang hegen.

Das ätherische Öl der Bergamotte ist einer der meistverwendeten Bestandteile der Parfumherstellung. Der Großteil der Produktion stammt aus Kalabrien, wo viele Familienunternehmen enorme Hürden wie Wirtschaftskrisen und ein verheerendes Erdbeben überwinden mussten, um ihre traditionsreiche Lebensgrundlage zu behalten.

Die erste Erwähnung der Bergamotte als Duft datiert um das Jahr 1686, als der Sizilianer Francis Procopius „Bergamottenwasser" nach Frankreich brachte. Im Jahr 1709 brachte der italienische Einwanderer Johann Maria Farina sein „Eau de Cologne" auf den Markt. Das nach seiner neuen Heimatstadt benannte „Kölnisch Wasser" war der Wegbereiter für die Bergamotte, die heute in geschätzt mehr als der Hälfte aller Parfums als Inhaltsstoff zu finden ist.

Wer gern Earl Grey trinkt, ist mit ihrem Duft vertraut, denn der Tee wird mit Bergamottenschale aromatisiert. Er erinnert an andere Zitrusfrüchte, etwa Zitrone oder Orange, ist aber komplexer aufgebaut und wirkt gleichzeitig bitter und wohltuend.

Bergamotte ist eine Kopfnote und wird oft durch die Kaltpressung der Schale gewonnen. In Parfums ist sie manchmal die Hauptzutat, die eine belebende Frische liefert, und manchmal ein subtiles Hilfsmittel, etwa um den Geruch von Alkohol beim ersten Aufsprühen zu überdecken.

ESSENZIELLE PARFUMS

Eau d'Hadrien
von Annick Goutal

Orange Crush
von Fugazzi

Bergamotto
von Laboratorio Olfattivo

ORANGE

Citrus x aurantium

Die natürlichen Öle, die aus der Fruchtschale der Orange gewonnen werden, gibt es in zwei Sorten: süß und bitter.

Bitterorangenöl wird fast ausschließlich aus der Schale der Bitterorange oder Pomeranze *(Citrus x aurantium)* gepresst. Es gibt viele Varianten, die je nach Herkunft unterschiedlich duften. Oft wird es von Hand gepresst und ist daher teurer als andere Zitrusöle, dafür mit intensiverem, komplexerem Aroma. Sein charakteristisch bitteres Duftprofil enthält trockene Nuancen, die besonders gut in Parfums der Familie „Chypre“ oder „Fougère“ passen.

Im Gegensatz dazu hat die süße Orange *(Citrus sinensis)* ein frischeres, zuckeriges Duftprofil, das stark an ihren frisch gepressten Saft erinnert. Sie stammt aus Südostasien und ist wohl eine Kreuzung aus Mandarine und Pampelmuse. Heute gehört sie zu den meistgepflanzten Früchten der Welt. Der Großteil des Orangenöls wird in Brasilien und im US-Bundesstaat Florida produziert. Die gesamte Anbaufläche beider Gebiete beträgt fast 6000 Hektar.

In der Parfumherstellung gilt die Orange als Frischekick, der aber nicht lange anhält. Aufgrund dieser Flüchtigkeit wird sie meist nur als Kopfnote eingesetzt, In klassischen Düften wie 4711 von Muelhens und 1709 Eau de Cologne von Farina ist sie eine wesentliche Komponente, und sie soll auch heilsame Eigenschaften besitzen, die Stress lindern und die Stimmung heben können.

ESSENZIELLE PARFUMS

Orange Sanguine
von Atelier Cologne

Orange Crush
von Fugazzi

Arancia di Capri
von Acqua di Parma

YUZU

Citrus x junos

Wie bei vielen Zitrusfrüchten für die Parfumerie wird auch das ätherische Öl der Yuzu-Frucht durch Kaltpressung gewonnen – aus der Schale und nicht aus dem Fruchtfleisch.

Die Yuzu stammt ursprünglich aus China, wird aber auch in einigen anderen Ländern angebaut. Heute gilt allgemein, dass die besten Früchte aus Japan stammen, weswegen Yuzu auch „japanische Zitrone" genannt wird. Da die Produktion in Japan limitiert ist, hat die Frucht einen hohen Preis. Das bedeutet auch, dass nur wenige Marken das naturreine ätherische Öl der Yuzu in ihren Duftkreationen verwenden.

Mit ihrem markanten, komplexen Duft ist die Yuzu eine wunderbare Zutat in jeder Parfumorgel (ein individuell angepasstes Möbelstück mit Fächern, in denen die Parfumeurinnen ihre Duftbausteine anordnen). Sie kann an andere Zitrusfrüchte erinnern, etwa an Mandarine, Zitrone oder Grapefruit. Ihr Duft hat auch eine grüne Seite sowie blumige Anklänge an Neroli und Geranie. Ein Parfumeur kann diese Vielseitigkeit nutzen, um einen Duft in viele Richtungen zu entwickeln. Ein weiterer Vorteil von Yuzu ist, dass der Geruch länger anhält als andere Zitrusdüfte, die sich nach dem Zerstäuben schnell verflüchtigen. Der Zusatz von Yuzu kann der zitrischen Frische in einem Parfum eine längere Haltbarkeit verleihen.

ESSENZIELLE PARFUMS

Yuzu Man
von Caron

Eau de Yuzu
von Nicolaï

Note de Yuzu
von Maison Kitsuné x Heeley

MANDARINE

Citrus reticulata

Eine charaktervolle Zitrusnote mit sonnigem Gemüt: Die facettenreiche Mandarine begeistert mit einem frischen, grünen Duft.

Er besitzt blumige Untertöne, die an Neroli erinnern – und obwohl er einer der süßesten Zitrusdüfte in der Parfumerie ist, besitzt er auch eine medizinische Kopfnote. Aus diesem Grund wird Mandarine oft sparsam als Kopf- oder Herznote eingesetzt.

Das Öl wird durch Kaltpressung manchmal von Hand, aber meistens maschinell, aus der Fruchtschale gewonnen. Je nach Reifegrad der Mandarine erhält man eines von drei Arten von Öl (rot, grün und gelb), von denen jedes andere Nuancen aufweist. Das rote Öl stammt aus der vollreifen Frucht und hat den süßesten Duft, während das grüne aus unreifen Mandarinen kommt und einen viel herberen Charakter aufweist. Das gelbe Öl ist am seltensten und gilt oft als das komplexeste der drei. Es wird in der Mitte der Wachstumsphasen extrahiert und besitzt sowohl die reife Süße als auch die herbe, grüne Säure der anderen Öle.

Manchmal wird auch „Petitgrain-Mandarinenöl“ angeboten, das durch Dampfdestillation aus den Blättern, Zweigen und manchmal unreifen Früchten der Pflanze erzeugt wird. Bei diesem dunkelgrünen Öl tritt der blumige Charakter in den Vordergrund und wird von einer rauchigen Honigsüße veredelt.

ESSENZIELLE PARFUMS

Tobacco Mandarin
von Byredo

004
von Bon Parfumeur

Mandarino di Sicilia
von Perris Monte Carlo

BUNTE BLÜTEN

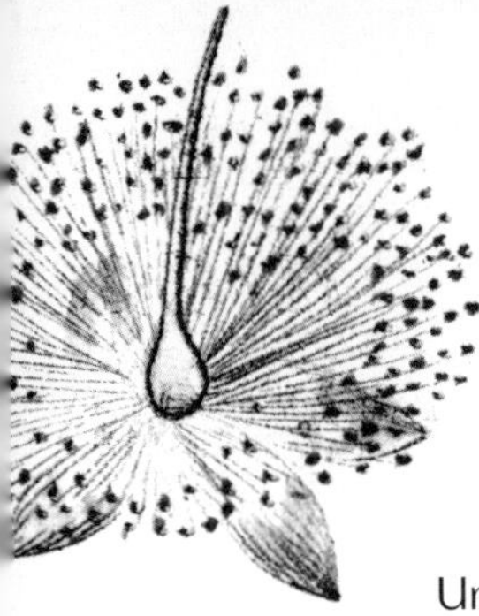

SÜSSE AKAZIE

Vachellia farnesiana – Fabaceae

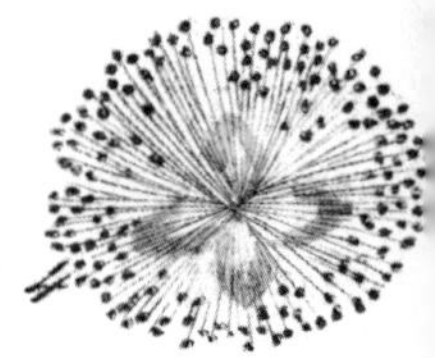

Um Verwechslungen zu vermeiden, sollte dieser Eintrag für Parfumzwecke eigentlich besser „Cassia" heißen.

Cassia- oder Cassieöl wird aus den gelben, bauschigen Blütenköpfen von *Vachellia farnesiana* extrahiert. Dieser Strauch wächst in tropischen Regionen und wird oft mit der Silber-Akazie oder Falschen Mimose (*Acacia dealbata*) verwechselt, da der Trivialname von Cassia immer noch „Akazie" lautet, obwohl die Pflanze mittlerweile taxonomisch anders eingeordnet wird und sich auch die Düfte merklich unterscheiden.

Vielleicht kann Cassia am besten als Verwandte der Silber-Akazie angesehen werden. Es bestehen Ähnlichkeiten, aber während Erstere reichhaltige, grüne Duftfacetten zeigt, ist Cassia warm und pudrig, mit weichen, balsamischen Untertönen und einer langlebigen Würze, die ein wenig an Zimt erinnert.

Aus den Blüten wird mithilfe von Petrolether ein Concrète (eine wachsartige Duftpaste) gewonnen, das mit Alkohol versetzt ein Absolue ergibt. Die Arbeit damit ist berüchtigt schwer, aber wenn sie gelingt, fügt es sich harmonisch unter anderen pudrig-blumigen Düften wie Iris, Veilchen und natürlich Silber-Akazie ein.

V. farnesiana soll nach der Villa Farnese benannt sein, wo sie im 17. Jahrhundert von einer italienischen Familie als Zierpflanze kultiviert wurde. Der ikonische Duft Farnesiana von Caron (1947) wird mit „Mimose" beschrieben, obwohl der Name auf die weniger berühmte, aber dennoch präsente *V. farnesiana* verweist.

Die botanische Klassifikation der Akazien ist ziemlich kompliziert und wurde schon mehrmals überarbeitet. Die Süße Akazie hieß bis vor Kurzem *Acacia farnesiana*, bevor sie der Gattung *Vachellia* zugeordnet wurde. Der ältere Name *Acacia* wird aber ebenfalls noch verwendet, wie auch der Trivialname – was für Verwirrung sorgt. (Siehe auch „Mimose", ein Duftstoff aus der Silber-Akazie – eine echte *Acacia* und keine Pflanze der Gattung *Mimosa*.) Der Stoff Farnesol, der in vielen Parfums enthalten ist, wurde erstmals aus Cassiaöl isoliert und ist nach dieser Art benannt.

ESSENZIELLE PARFUMS

Farnesiana
von Caron

Une Fleur de Cassie
von Dominique Ropion
für Frédéric Malle

Après L'Ondée
von Guerlain

AMARYLLIS

Amaryllis- und *Hippeastrum*-Arten – Amaryllidaceae

Die trompetenförmigen Blüten der *Amaryllis*-Arten werden oft als Symbol für strahlende Schönheit und Stärke angesehen.

Nicht alle *Amaryllis*-Sorten haben einen Duft, aber wenn doch, dann wird er oft als blumig beschrieben, mit einer süßen, fruchtigen Note, die an Mandarine erinnert.

Amaryllis spielt in der Parfumbranche keine große Rolle, außer als Inspiration für kreative Kompositionen. Eines der ersten Beispiele dafür war das Parfum Amaryllis von Lubin aus dem Jahr 1922. Fast ein Jahrhundert später widmete Floris der samtigen Blume den Duft Amaryllis, in dem blumige und süß-würzige Noten eine alte Geschichte erzählen, in der die Amaryllis ihre Farbe durch das Herz einer jungen Nymphe erhält.

Ein weiterer nennenswerter Duft ist Treffpunkt 8 Uhr von J.F. Schwarzlose. Er ist eine Neuinterpretation eines Klassikers des Hauses und kombiniert ein Herz aus Amaryllis mit Muskatellersalbei und einem Mangoakkord, als Hommage an die Goldenen Zwanziger in Berlin. Obwohl das Parfum zu seiner Markteinführung als „sportlicher“ Herrenduft galt, wurde es auch von der französischen Tänzerin und Schauspielerin Josephine Baker getragen.

Der Name „Amaryllis“ leitet sich vom griechischen Begriff *amarysso* ab, was „glänzen“ bedeutet und sich auf die auffälligen Blüten der Pflanze bezieht. Eine der beiden anerkannten Arten der Gattung *Amaryllis* ist die Belladonnalilie (*Amaryllis belladonna*); *belladonna* bedeutet „schöne Frau“. Eine andere Pflanzengattung, die umgangssprachlich „Amaryllis“ genannt wird, sind die Rittersterne (*Hippeastrum*) Einige *Hippeastrum*-Arten enthalten das Alkaloid Galantamin, das auch in anderen Pflanzen aus der Familie der Amaryllisgewächse (*Amaryllidaceae*) vorkommt, unter anderem in verschiedenen Arten von Schneeglöckchen (Gattung *Galanthus*) und Narzissen (Gattung *Narcissus*). Galantamin wird heute als Wirkstoff in Medikamenten zur Behandlung von Alzheimersymptomen eingesetzt.

ESSENZIELLE PARFUMS

Treffpunkt 8 Uhr
von J.F. Schwarzlose

Amaryllis
von Panama 1924

Possession
von Wilgermain

GARTENNELKE

Dianthus caryophyllus – Caryophyllaceae

Gartennelken kennen die meisten wohl aus einem Blumenstrauß vom Floristen – oder auch von der Tankstelle.

Sie duften nicht besonders stark und darum überrascht es vielleicht, dass sie hier Erwähnung finden. Eine frische Blüte im Garten ist jedoch nicht geruchlos, sondern erinnert an Gewürznelken. Gartennelken werden auf der ganzen Welt als Schnittblumen kultiviert, aber die Herstellung von Absolues für die Parfumerie findet hauptsächlich in Europa statt – überwiegend in Frankreich.

Gegen Ende der Blütezeit wird aus den Nelken ein Concrète extrahiert, aus dem anschließend das Absolue gewonnen wird. Das Verfahren ist teuer und aufwendig, da das Concrète nur wenig Duftöl ergibt. Aus diesem Grund wird die Gartennelke immer seltener in Parfums verwendet und wenn doch, dann meist in geringen Mengen oder in Verbindung mit anderen unterstützenden Noten.

Der Duft der Gartennelke ist blumig-würzig und wird oft als pfeffrig beschrieben. Häufig kommt er in solchen Akkorden zum Einsatz, neben anderen Noten wie Gewürznelke, Pfeffer oder Zimt. Auch in blumige Akkorde fügt er sich harmonisch ein und verleiht einem Parfum eine gewisse Sanftheit, aber auch eine unaufdringlich würzige Facette.

Als Teil der Familie der Nelkengewächse umfasst die Gattung *Dianthus* neben den Garten- oder Landnelken unter anderem auch die Feder- oder Bartnelken. Der Gattungsname stammt aus dem Griechischen und bedeutet „Götterblume“. Das ursprüngliche Verbreitungsgebiet der Nelken ist die Balkanhalbinsel, mittlerweile wachsen sie jedoch in Gärten auf der ganzen Welt. Die Blüten kommen in verschiedenen Farben vor und haben oft charakteristische gezähnte Blütenblätter. In vielen Kulturen hat die Nelke symbolische Bedeutung, etwa in Portugal, wo sie im Jahr 1974 zum Emblem der Nelkenrevolution gemacht wurde – dem Umsturz, der dem Land schließlich die Demokratie brachte.

ESSENZIELLE PARFUMS

Diamond Jubilee Bouquet
von Grossmith

Jours Heureux
von Bienaimé

L'Air du Temps
von Nina Ricci

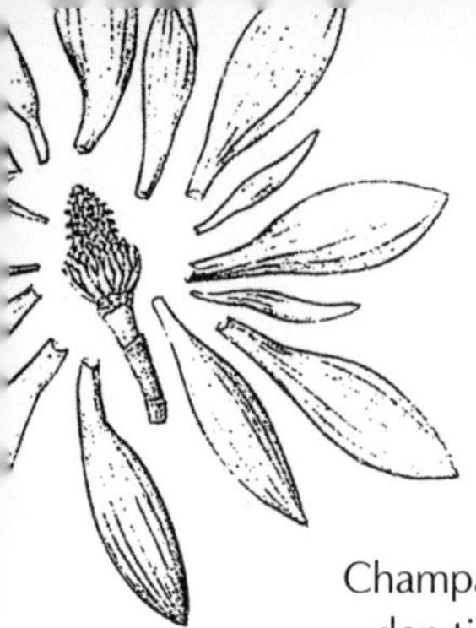

CHAMPAKA

Magnolia champaca – Magnoliaceae

Champaka-Absolue besitzt einen cremigen, blumigen Duft, der aus den tiefgelben Blüten von *Magnolia champaca* gewonnen wird

Er erinnert ein wenig an Ylang-Ylang und Gartennelke, aber mit einem Anklang von Muskatellersalbei.

In Indien heißt die Pflanze *champak* und ist ein heiliger Baum, der oft in Tempelgärten kultiviert wird. Die Blüten werden früh am Morgen gesammelt und wenn sie nicht für den Verkauf an Parfumhersteller bestimmt sind, werden sie oft auf dem Markt als Duftaccessoire angeboten.

Als Inhaltsstoff eines Parfums wurde die Pflanze berühmt, als Tom Ford seinen Duft Champaca Absolute auf den Markt brachte, der aber nicht mehr produziert wird. Champaka harmoniert wunderbar mit anderen Blumendüften wie Maiglöckchen oder Veilchen, aber der Parfumeur Rodrigo Flores-Roux entschied sich, die inspirierende Blüte von ausgefalleneren Noten wie Cognac, Tokajer und kandierten Maronen unterstreichen zu lassen.

Auch das britische Haus Ormonde Jayne ging bei seinem Parfum Champaca mit einer Kombination aus Champaka-Absolue und Neroli einen unkonventionellen Weg. Der luxuriöse Blütenduft eröffnet mit prickelnden Zitrusnoten, bevor er zu einem unerwartet milchigen Herz aus „Basmatireis" zerschmilzt.

Der Champakabaum (manchmal auch „Joy-Parfumbaum" genannt) wurde ursprünglich der Gattung *Michelia* zugeordnet, zählt mittlerweile aber zur Gattung *Magnolia*, die über 360 Arten umfasst. Sein Heimatgebiet in Asien erstreckt sich von Indien bis zu den Inseln Indonesiens. Wird der Baum außerhalb seines gewohnten feuchten Tropenklimas angepflanzt, muss er bewässert und vor Kälte geschützt werden. Auch das Holz findet gelegentlich Verwendung, aber am begehrtesten sind die Blüten, die als Schmuck, Schnittblumen oder Duftrohstoff verkauft werden. Die Kreuzung *Magnolia x alba* wird für die Herstellung von ätherischem Öl genutzt.

ESSENZIELLE PARFUMS

Champaca
von Ormonde Jayne

La Douceur de Siam
von Parfums Dusita

Lostinflowers
von Strangelove

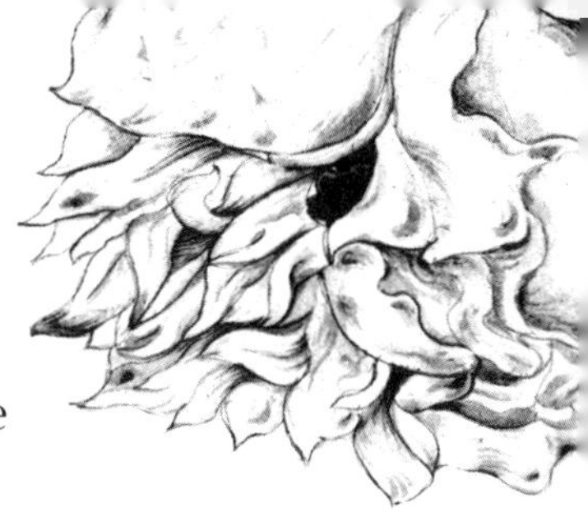

MOHN

Papaver-Arten – Papaveraceae

Vielleicht haben Sie jetzt kurz gestutzt, als sie den Eintrag „Mohn“ auf dieser Seite sahen, denn die Blüte selbst gibt so gut wie gar keinen Duft ab.

Der natürliche Duft einer Mohnblume kann als grün oder erdig beschrieben werden. Manche nehmen darin auch einen Hauch Rauchigkeit wahr. In der Parfumherstellung wird der Duft des Mohns in Wirklichkeit aber künstlich erzeugt.

Wirbt ein Parfum mit „Mohn“ als Duftnote, verspricht das generell einen pudrigen, vage blumigen Akkord. Statt die Komposition floral zu dominieren, wandelt er nur ihre Klangfarbe sanft ab.

Gelegentlich wird auch „Opium“ als Note eines Parfums angeführt, etwa bei Chasing the Dragon von Clive Christian oder Vi et Armis von BeauFort London. Passenderweise wird der Duft in der Parfumherstellung für seine angebliche hypnotische Wirkung verwendet. Wie Mohn ist auch Opium eine weiche, pudrig-blumige Note, aber mit einem leicht balsamischen Charakter, was gut in die sogenannten „Ambrée“-Düfte passt. Das berühmte Parfum Opium von Yves Saint Laurent enthält den gleichnamigen Duftbaustein jedoch gar nicht; er diente wohl rein der Inspiration.

Die beiden bekanntesten Mohnarten sind wahrscheinlich *Papaver rhoeas*, der leuchtend rote Klatschmohn, der in vielen Commonwealth-Ländern auch ein Symbol für das Gedenken an gefallene Soldaten ist, und *P. somniferum*, der Schlafmohn (*somniferum* ist lateinisch für „einschläfernd“), aus dem Drogen wie Opium oder Heroin hergestellt werden, aber auch einige der stärksten Schmerzmittel wie Morphin und Codein. Aus *P. somniferum* stammen auch die Mohnsamen, die für Backwaren verwendet werden, und das Mohnsamenöl, das aus ihnen gewonnen wird. Die Spuren von Opiaten, die in Mohnsamen vorhanden sind, führten bei Drogentests sogar schon zu positiven Ergebnissen.

ESSENZIELLE PARFUMS

Scarlet Poppy Intense
von Jo Malone

Eilish No. 2
von Billie Eilish

California Poppy
von Atkinsons

IRISWURZEL

Iris pallida – Iridaceae

Einige der berühmtesten Duftrohstoffe in der Parfumherstellung haben einen überraschenden Ursprung.

Beim Anblick einer Schwertlilie, auch Iris genannt, entsteht vielleicht der Eindruck, dass es die leuchtenden Blüten sind, aus denen eine der teuersten Parfumzutaten gewonnen wird. Der größte Wert dieser Pflanze liegt jedoch in seinem Wurzelstock: dem Rhizom.

Kurioserweise ist die frische Iriswurzel (die wie eine Knolle aussieht und auch Veilchenwurzel genannt wird) nahezu geruchlos. Erst wenn sie mindestens drei Jahre lang getrocknet, dann zu Pulver vermahlen und dampfdestilliert wird, verfestigt sie sich zur duftenden „Irisbutter".

Irisbutter gehört zu den begehrtesten Ingredienzen im Repertoire der Parfumschaffenden. Ihr buttriges, blumiges Duftprofil erinnert an Veilchen, aber mit fruchtigeren Untertönen. Es gilt als außerordentlich luxuriös und harmoniert gut mit weißen Blüten und cremigeren Holznoten wie Sandelholz.

Bei der Herstellung der Irisbutter ist nicht nur große Geduld, sondern auch höchste Genauigkeit gefragt. Zum Beispiel kann eine falsche Lagerung dazu führen, dass das Endprodukt säuerlich oder sogar ranzig riecht. Wird bei der Erzeugung jedoch alles richtig gemacht, ist dieser herrliche Rohstoff buchstäblich mehr wert als sein Gewicht in Gold.

Die Irisbutter kann noch weiter zu einem Absolue oder Öl verarbeitet werden. Die Ausbeute ist aber im Verhältnis zur benötigten Wurzelmenge nur gering. Für den Geruch des Öls sind vor allem die Irone verantwortlich. Diese chemischen Verbindungen bilden sich in den Wurzeln, während sie unter der Erde wachsen.

ESSENZIELLE PARFUMS

Shem-el-Nessim
von Grossmith

Iris Wallpaper
von Bibbi

Iris Poudre
von Pierre Bourdon
für Frédéric Malle

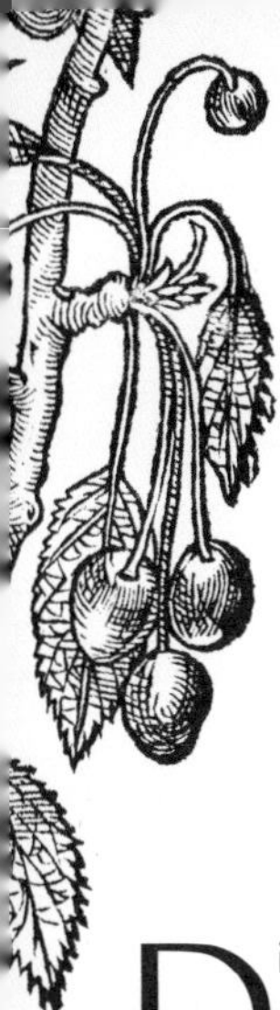

KIRSCHBLÜTE

Prunus-Arten – Rosaceae

Berühmt wurde sie durch ihre Frühlingspracht in Kyoto, aber die Kirschblüte (*sakura*) ist generell ein Symbol für Japan und ein Aushängeschild für den Tourismus des Landes.

Die rosa Blütenwolken besitzen einen Duft, doch er ist dezent und grün, mit Anklängen an Honig und Amaretto. Die Kirschblüte, die in den Beschreibungen von Parfums erwähnt wird, ist meist süß und fruchtig und spiegelt nicht unbedingt den natürlichen Duft der japanischen *sakura* wider.

Mit „Kirschblüte" ist in der Regel ein bestimmter Parfumstil gemeint und weniger eine echte Zutat. Bei der Kreation eines Kirschblütenakkords möchte die Parfumeurin einen leichten, blumigen, süßen Eindruck erwecken – luftige Wolken aus zarten rosa Blüten.

Um den Duft zu erzeugen, werden mehrere Akkorde kombiniert. Häufig sind das Rose und Jasmin, die einen eindeutigen Blütenduft entstehen lassen. Als süße oder fruchtige Komponenten bilden Himbeere oder synthetische Kirsche einen kräftigen Akkord. Für die Leichtigkeit greift die Parfumeurin schließlich zu Noten wie weißer Moschus, Sandelholz oder Zedernholz. Soll das Parfum realistischer und weniger ätherisch duften, werden noch grüne Noten hinzugefügt. Kirschblüte wird auch als blumiger „Fantasieduft" bezeichnet.

In die Gattung *Prunus* (die gegenwärtig über 340 anerkannte Arten enthält) fallen einige bedeutende Früchte, darunter Pflaumen, Pfirsiche, Aprikosen, Mandeln und Kirschen (siehe S. 96). Manche Arten werden jedoch nur wegen ihrer Blüten angebaut, besonders in Japan. Mittlerweile wurden bereits hunderte Kultursorten gezüchtet – viele der beliebtesten sind Kreuzungen aus den Arten *P. speciosa*, *P. serrulata* und anderen. Da sie speziell auf Blütenqualität selektiert werden, sind die Früchte dieser Bäume oft ungenießbar. Aus den Blüten mancher Arten wird auch Tee gemacht.

ESSENZIELLE PARFUMS

I See the Clouds Go By
von Floraïku

Sakura
von Dior

Cherry Blossom
von Floris

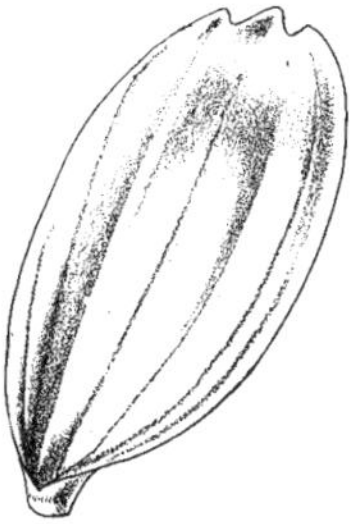

KOSMEE

Cosmos-Arten – Asteraceae

Kosmeen (auch Schmuckkörbchen genannt) werden besonders gern als Zierpflanzen in Gärten verwendet.

Sie sind pflegeleicht, hübsch und farbenprächtig – eine Bereicherung für jedes Blumenbeet. Jede der vielen Arten hat ihre ganz eigene Ästhetik, aber nur wenige haben einen nennenswerten Duft und sie spielen daher in der Parfumherstellung keine große Rolle. Oft versuchen Parfumeure, den Duft oder die Ausstrahlung einer besonders schönen, beliebten Pflanze nachzubilden, aber bei den Kosmeen war das bisher selten der Fall.

Es gibt jedoch eine Art, die gerade wegen ihres Geruchs begehrt ist, nämlich *Cosmos atrosanguineus*, die Schokoladen-Kosmee. Die blutroten Blüten verströmen einen süßen Schokoladenduft, der mit nichts zu vergleichen ist. Nur einem Parfum, Wicked Wahine von Royal Hawaiian, gelang es im Jahr 1968, Elemente der Kosmee einzufangen, aber danach schien die Blume mehr oder weniger in Vergessenheit geraten zu sein. Erst 2016 rückte sie wieder ins Rampenlicht, als Clive Christian ein Parfum mit ihrem Namen kreierte. Der intensive, frische und süße Duft spiegelt den Charakter der Schokoladen-Kosmee authentisch wider.

Die Gattung *Cosmos* umfasst mindestens 35 Arten in der Familie der Korbblütler. Eine besondere Artenvielfalt findet sich in Mexiko. Das häufig anzutreffende Schmuckkörbchen (*C. bipinnatus)* hat sich mittlerweile in die meisten gemäßigten Klimazonen der Welt ausgebreitet, ebenso die Gelbe Kosmee (*C. sulphureus*). Der lateinische Artname der duftenden Schokoladen-Kosmee, *atrosanguineus*, bedeutet so viel wie „dunkles Blutrot“ und bezieht sich auf die Blütenfarbe. Die Pflanze, die ursprünglich aus dem Nordosten Mexikos stammt, galt eine Zeitlang als in freier Wildbahn ausgestorben. Nur durch vegetative Vermehrung konnten noch Klone gezüchtet werden. Mittlerweile wurden aber auch wieder Populationen der Schokoladen-Kosmee in der Natur entdeckt.

ESSENZIELLE PARFUMS

Queen Anne Cosmos Flower
von Clive Christian

Albédo
von Stéphane Piquart für Parfumeurs du Monde

Black Essential Dark
von Avon

DUFTWICKE

Lathyrus odoratus – Fabaceae

Es ist unmöglich, über die Duftwicke zu schreiben, ohne eine Liebeserklärung an das Traditionshaus Caron zu machen.

Dessen Klassiker aus dem Jahr 1927 trägt den Namen dieser wunderbar üppig wachsenden Gartenpflanze: Pois de Senteur (französisch für „Duftwicke“). Das Parfum ist ein Meisterwerk seiner Branche und erinnert mit seiner angenehm opulenten Pudrigkeit an die Zeit seiner Schöpfung. Obwohl es den natürlichen Geruch der Duftwicke in keiner Weise imitiert, erweckt es dennoch das Gefühl, von ihren Blüten umhüllt zu sein.

Der natürliche Duft der echten Pflanze ist, wenig überraschend, süß, und erinnert sanft an Rose und ein wenig an Orangenblüte mit einem Hauch von Hyazinthe. In Parfums wird die Duftwicke meist synthetisch nachgebildet oder ist ein blumiger Akkord aus verschiedenen Rohstoffen. Sie verleiht einem Duft weiche, blumige, taufrische Noten und hat etwas Moschusartiges an sich, mit animalischen Facetten und Honigsüße.

Aufgrund der großen Beliebtheit der Pflanze versuchen Parfumeure immer wieder, ihren Duft in ihren Kreationen auszudrücken, auch wenn es auf natürliche Weise sehr schwierig ist.

Die Duftwicke stammt ursprünglich aus Süditalien und ist eine einjährige krautige Kletterpflanze. Sie wird auch „Duftende Platterbse“ genannt und ist eine nahe Verwandte der Speiseerbse (*Lathyrus oleraceus*, früher *Pisum sativum*) und der Saat-Platterbse (*L. sativus*), die in Hungersnöten gegessen wurde, aber bei längerem Verzehr die Erkrankung Lathyrismus verursachen kann. Auch die Samen der Duftwicke sind giftig und ihr Verzehr kann zu Osteolathyrismus führen, hervorgerufen durch den Stoff Beta-Aminopropionitril. Die Ranken der Duftwicke können bis zu 1,8 Meter hoch wachsen. Die zahlreichen Sorten bilden unterschiedliche Blüten aus.

ESSENZIELLE PARFUMS

Pois de Senteur
von Caron

Aqua Universalis
von Maison Francis Kurkdjian

English Pear & Sweet Pea
von Jo Malone

FREESIE

Freesia-Arten – Iridaceae

Von den Schnittblumen aus dem Supermarkt haben nur wenige so einen süßen, frischen Duft wie die Freesie.

Wenn der Strauß dann zu Hause seine Blüten öffnet, erfüllt ihr Duft tagelang den Raum – es ist unmöglich, ihn nicht zu bemerken. Er ist intensiv und unverkennbar, aber dennoch ist es noch niemandem erfolgreich gelungen, ihn in einem naturreinen ätherischen Öl einzufangen.

In Parfums wird der Duft der Freesie durch einen erfundenen Akkord dargestellt. Dabei bilden andere Noten die Essenz der Blüte nach. Oft werden dazu florale Noten und die Zugpferde der blumigen Duftfamilie, etwa Rose oder Jasmin, sorgfältig aufeinander abgestimmt. Für eine frische Süße sorgen fruchtige Noten, während grüne und aquatische Akkorde die Natürlichkeit der Blütenblätter rekonstruieren. Wichtig ist, die lebendige, raumfüllende Präsenz der echten Blume einzufangen.

Freesien-Akkorde enthalten oft das Molekül Linalool, das natürlich in vielen Pflanzen vorkommt, aber als Duftöl verwendet wird, um einem Parfum eine würzig-blumige Note zu verleihen. Es ist jedoch auch ein Allergen, was bedeutet, dass sein Einsatz in der Parfumherstellung eingeschränkter ist als andere Zutaten und es auf der Verpackung als Inhaltsstoff deklariert werden muss.

Die Gattung *Freesia* gehört zur Familie der Schwertliliengewächse (*Iris*) und stammt aus dem Osten und Süden Afrikas. Ihre Heimat erstreckt sich von Kenia bis nach Südafrika. Mindestens 16 Arten befinden sich in der Gattung, mittlerweile auch die Arten, die früher zur Gattung *Anomatheca* geordnet wurden. Obwohl die Freesien aus Afrika stammen, gedeihen viele auch in kühleren Gebieten, wo sie wegen ihres Dufts beliebte Schnittblumen sind. Wie viele andere Schwertliliengewächse bilden Freesien unterirdische Knollen, die wie Blumenzwiebeln als Speicherorgane der Pflanze dienen.

ESSENZIELLE PARFUMS

Musc et Freesia
von E.Coudray

Fresia
von Santa Maria Novella

Ofrésia
von Diptyque

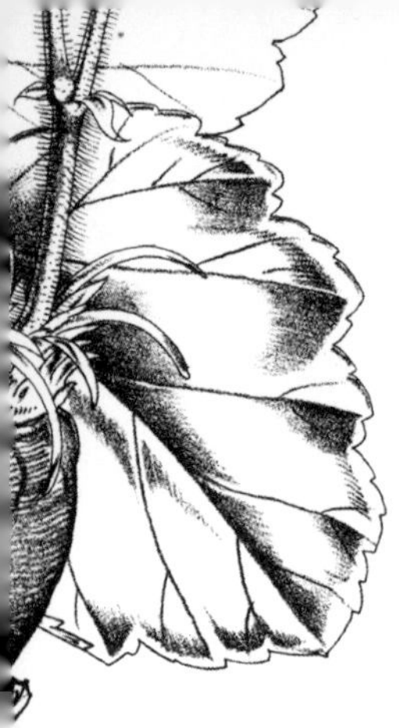

PELARGONIUM

Pelargonium-Arten – Geraniaceae

Die aus dem Süden Afrikas stammenden Pelargonien sind kleine Pflanzen von großer Bedeutung.

Es gibt sie in vielen Züchtungen und ihr deutlich blumiger Duft erinnert stark an Rose. Die Nuancen der verschiedenen Arten können rosig, minzig, erdig und fruchtig ausfallen.

Heute sind Ägypten und China die größten Erzeuger des Duftstoffs Geranium und beide produzieren immense Mengen des ätherischen Öls, das oft aus den Blättern der Arten *Pelargonium graveolens* gewonnen wird. Zusammengenommen arbeiten in beiden Ländern geschätzt über 60 000 Menschen in der Wertschöpfungskette des Geranienöls.

Die chinesischen und ägyptischen Öle unterscheiden sich in ihrer Zusammensetzung stark voneinander, aber beide enthalten das Molekül Geraniol: eine wichtige Komponente im Baukasten der Parfumschaffenden, die zu einem deutlich blumigen, rosigen Duftprofil beiträgt. Geraniol wird manchmal auch als „Honigbienenduft" bezeichnet, da Honigbienen den Stoff absondern, unter anderem, um nektarhaltige Blüten zu markieren.

Trotz der meist geringen Ausbeute gehört Geranium immer noch zu einem der meistverwendeten Riechstoffe und ist ein zentraler Baustein vieler stilprägender Düfte wie Fougère Royale von Houbigant oder English Fern von Penhaligon's.

Geraniol wurde zum ersten Mal 1871 von Oscar Jacobsen aus „indischem Geraniumöl" von Kamelgras *(Cymbopogon schoenanthus)* isoliert. In der Gattung *Pelargonium* gibt es über 280 Arten, die meisten davon sind im Süden Afrikas beheimatet. Viele von ihnen kommen in der Parfumherstellung zum Einsatz, am häufigsten *P. graveolens*. Der Begriff „Geranie" sorgt immer wieder für Verwirrung, da dieser Trivialname oft für die Gattung *Pelargonium* (Pelargonien) und nicht nur für die verwandte Gattung *Geranium* verwendet wird.

ESSENZIELLE PARFUMS

Fougère Royale
von Houbigant

Phul-Nana
von Grossmith

4pm Matinée
von Side Story

HELIOTROP

Heliotropium-Arten – Boraginaceae

In der Welt der Parfums ist Heliotrop ein Gestaltwandler. Oder sollten wir es besser einen „Duftwandler" nennen?

Der Duft kann luftig, pudrig, süß, sogar mandelartig und vanillig sein, und ist mit verschiedenen Ingredienzen kombinierbar, um jeder ihre verborgenen Duftfacetten zu entlocken. Er ist ein einflussreicher Klassiker der Parfumerie und wird schon seit vielen Jahren von Häusern wie Guerlain oder Grossmith verwendet. Oft wird er in den Basisnoten eines Dufts als verlässlicher Fixateur eingesetzt.

Die Gewinnung von Heliotrop geschah ursprünglich durch Enfleurage (ein Verfahren zur Absorption von Düften und Ölen aus Pflanzen) und heute in der Regel durch Lösungsmittelextraktion, was für manche das moderne Äquivalent zur Enfleurage ist. Die Komponente, die in einer Duftpyramide als „Heliotrop" bezeichnet wird, ist mit ziemlicher Wahrscheinlichkeit der synthetische Aromastoff Heliotropin aus der Gruppe der Aldehyde. Er wurde erstmals im Jahr 1885 entdeckt und kommt auch in der Natur vor, etwa in der Gewürzvanille. In der Parfumherstellung ist seine Verwendung mittlerweile durch die International Fragrance Association (IFRA) streng reguliert, da er in größeren Mengen schädlich sein kann.

Aufgrund seiner Veränderlichkeit ist es schwierig, den Duft „Heliotrop" zu beschreiben. Für Parfumeure gehört er trotz seiner süßen und holzigen Eigenschaften eindeutig in die blumige Duftfamilie.

Die Heliotrope (oder Sonnenwenden) heißen so, weil sich ihre Blüten immer in Richtung Sonne drehen. Die über 250 Arten der Gattung *Heliotropium* sind über große Teile der Welt verbreitet. Sie gehören zur Familie der Raublattgewächse (*Boraginaceae*), in der auch die Lungenkräuter und Vergissmeinnicht zu finden sind. Manche von ihnen duften stark, etwa die Vanilleblume (*H. arborescens*, ein kleiner Strauch, der violette Blüten trägt und in Peru beheimatet ist). Viele Arten enthalten auch giftige Pyrrolizidinalkaloide, die im Falle einer Einnahme Leberschäden verursachen können.

ESSENZIELLE PARFUMS

Tindrer
von Baruti

Bohème
von Place des Lices

La Vie en Fleurs
von Bienaimé

FLIEDER

Syringa-Arten – Oleaceae

Vielen Naturmaterialien machen es uns nicht gerade leicht, die Duftstoffe aus ihnen zu extrahieren.

Zum Glück haben uns technische Fortschritte im Laufe der Jahrhunderte die Möglichkeit gegeben, den Duft von „schwierigen" Pflanzen wie dem Flieder im Labor nachzubauen.

Zwar kann mittels Lösungsmittelextraktion ein Absolue aus dem sommergrünen Strauch gewonnen werden, aber die synthetischen Kreationen gelten als viel originalgetreuere Imitationen des echten Fliederdufts. Aus diesem Grund wird der Narturstoff nur selten verwendet.

Mit einem Duft, der ein wenig an Maiglöckchen erinnert, verbreitet Flieder frische, frühlingshafte Blumennoten mit weichen, pudrigen Nuancen. Da er oft als Zutat in preiswerter Massenware auftaucht, sprechen ihm manche die Eleganz ab, während andere ihn auf eine Ebene mit Rose und Jasmin stellen, die einen Duft mit romantischem Flair bereichern.

Das französische Traditionshaus Caron war bei der Schöpfung des fliederbasierten Fleur de Rocaille (1934) offensichtlich letzterer Meinung. Der Duft gilt als Aushängeschild der Arbeit und Tradition des Unternehmens. Im Gegensatz dazu zeigt Idylle (2009) von Guerlain Fliedernoten in einem Parfum, das den Zeitgeist anspricht und gleichzeitig die illustre Vergangenheit des Hauses ehrt.

Flieder (*Syringa*) gehört neben Esche, Liguster, Jasmin und Osmanthus in die Familie der Ölbaumgewächse und umfasst mindestens 12 Arten. Die meisten sind in Asien heimisch, nur zwei in Europa: *S. josikaea* in den Karpaten (gilt als gefährdet) und *S. vulgaris*, der Gemeine Flieder, der ursprünglich vom Balkan stammt, sich aber weiter ausgebreitet hat. Der Gattungsname *Syringa* leitet sich vom griechischen Wort für „Pfeife" ab; angeblich wurden aus ausgehöhlten Fliederzweigen Flöten gefertigt. Flieder wächst als Strauch oder kleiner Baum und trägt stark duftende violette Blüten. Das Holz weist manchmal hübsche lila Streifen auf, aber da der Baum so klein ist, lohnt sich die kommerzielle Nutzung nicht.

ESSENZIELLE PARFUMS

Fleur de Rocaille
von Caron

Désarmant
von La Parfumerie Moderne

Totally White
von Parle Moi de Parfum

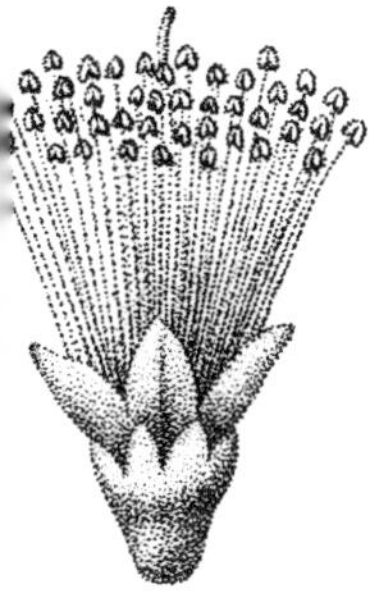

MIMOSE

Acacia dealbata – Fabaceae

Dieser Duft wurde im 19. Jahrhundert in Europa bekannt und weckte sofort das Interesse der Parfumschaffenden.

Die Silber-Akazie oder (Falsche) Mimose stammt ursprünglich aus Australien, erlangte aber an der Côte d'Azur besondere Berühmtheit – und das ganz in der Nähe der Welthauptstadt des Parfums: Grasse in Frankreich.

Das Mimosenöl wird durch flüchtige Lösungsmittel extrahiert, dabei entsteht das Absolue. Der Duft des ätherischen Öls riecht ganz anders als die Blüte der Silber-Akazie. Die Blätter werden zusammen mit den gelben Blüten destilliert, wodurch der berühmte pudrige Duft eine angenehm grüne Note erhält. Mimose besitzt auch eine strohige, etwas staubige Facette.

Oft wird Mimose als Herznote eingesetzt, aber die grüne Frische wird meist auch in den Kopfnoten wahrgenommen.

Mittlerweile gilt Mimose als etwas altmodischer „Vintage"-Duft, da sie im frühen 20. Jahrhundert in zahlreichen „Soliflor"-Parfums (die eine einzelne Blüte hervorheben) verewigt wurde. Heute wird sie häufig mit anderen blumigen Noten wie Jasmin oder Rose in einem floralen Akkord zusammengespannt.

Auch die anderen Teile der Silber-Akazie duften: Rinde, Wurzeln und Harz werden zu Räucherstoffen verarbeitet.

Der Name „Mimose" täuscht darüber hinweg, dass die Silber-Akazie nicht zur Gattung *Mimosa*, sondern zu *Acacia* gehört: Die Gattung der Akazien enthält über 1000 Arten – die meisten davon kommen in Australien vor. Die Silber-Akazie stammt ursprünglich aus dem Südosten Australiens (Victoria und New South Wales), aber als beliebter Zierstrauch hat sie sich weithin verbreitet. Die gelben Blüten waren Namensgeber für den Cocktail „Mimosa". Die Klassifizierung von *Acacia* kann verwirrend sein und nicht immer ist klar, aus welchen Arten das Öl erzeugt wird. Manchmal sind auch andere Arten, etwa *A. decurrens*, als Zutat angegeben.

ESSENZIELLE PARFUMS

Modest Mimosa
von Vilhelm Parfumerie

Farnesiana
von Caron

Champs Élysées
von Guerlain

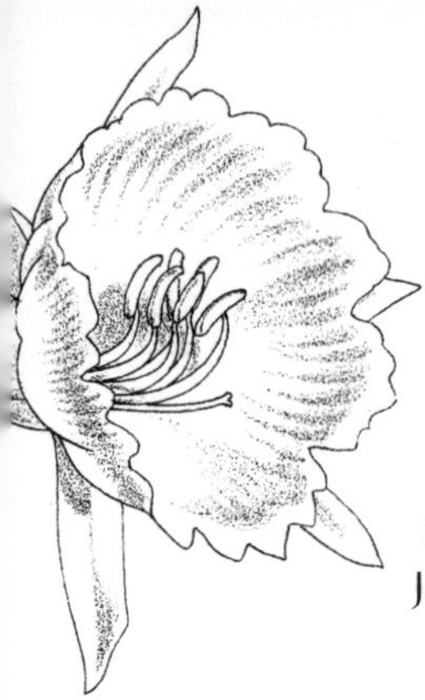

NARZISSE

Narcissus-Arten – Amaryllidaceae

Die griechische Mythologie erzählt von einem schönen Jüngling – dem Sohn eines Flussgotts und einer Nymphe.

Narziss, wie sein Name lautete, wurde von vielen geliebt, war aber unfähig, Zuneigung zu geben. Als er die Nymphe Echo verschmähte, bestraften ihn die Götter: Beim Anblick seines Spiegelbilds in einer Quelle verliebte er sich. Sein eigener Anblick verzauberte ihn so, dass er ihm ins Wasser folgte. Wo er starb, wuchs an seiner Stelle eine Blume.

Auch die Osterglocke ist eine Narzisse. Der Gattungsname leitet sich vom griechischen Wort für „Narkose" ab, was sich möglicherweise auf den betäubenden Duft bezog. Narzisse duftet blumig-frühlingshaft mit einer deutlich grünen, krautigen Facette, die kühle Kopfnoten aufweist. Diesen eleganten Blütenduft gibt es nur als Absolue, das mithilfe von Lösungsmitteln extrahiert wird. Aufgrund des geringen Ertrags ist es extrem teuer. Aus rund 500 Kilogramm Narzissenblüten werden nur bescheidene 300 Gramm Absolue gewonnen.

Das dickflüssige Narzissenabsolue hat einen starken Duft, der hervorragend mit anderen blumigen Noten harmoniert, unter anderem mit Ylang-Ylang und Neroli, aber auch mit vielen würzigen und holzigen Komponenten. Oft wird es als Herznote verwendet.

Zur Gattung *Narcissus* – die zur Familie der Amaryllisgewächse (*Amaryllidaceae*) gehört – zählen mindestens 75 Arten, wie die Osterglocke (*N. pseudonarcissus*), die im Westen Europas zu Hause ist. Die Zwiebeln und Blätter der Narzissen enthalten giftige Alkaloide, darunter Lycorin. Einige Alkaloide werden in der Medizin genutzt: Galantamin, das aus manchen Arten isoliert werden kann, wird zur Behandlung von Alzheimer-Symptomen eingesetzt. Die Narzisse ist die Nationalblume von Wales und diente dem Dichter William Wordsworth als Inspiration. Wildwachsende Narzissenarten (also keine Gartenflüchtlinge) sind heute aufgrund von Überpflückung und intensiver Landwirtschaft bedeutend seltener zu finden als zu Wordsworths Zeiten.

ESSENZIELLE PARFUMS

The Revenge of Lady Blanche
von Penhaligon's

Jasmin
von Le Galion

Rituale
von Mendittorosa

OSMANTHUS

Osmanthus-Arten – Oleaceae

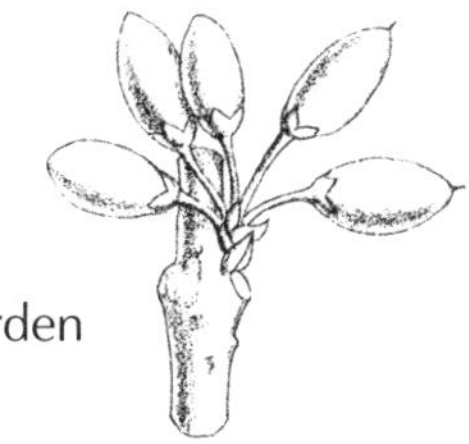

Die hübschen Duftblüten sind in Asien beheimatet und werden vorwiegend in China, Japan und Malaysien kultiviert.

Der Osmanthusduft eines Parfums stammt aus einem Concrète oder Absolue, das nur in China und Japan hergestellt wird. Von den vielen *Osmanthus*-Arten, die auch Duftblüten genannt werden, ist für die Parfumerie hauptsächlich *Osmanthus fragrans* – die Süße Duftblüte – relevant.

Der Ertrag aus dem Concrète, aus dem durch Alkoholextraktion das Absolue gewonnen wird, ist unfassbar gering (rund 1 Kilogramm aus 3 Tonnen Blüten). Manchmal wird Osmanthus auch mittels Enfleurage (Absorption in Fett) produziert – ein aufwendiges Verfahren, bei dem aus rund 720 Kilogramm Blüten nur magere 750 Gramm Absolue entstehen.

Die Blüten selbst haben neben ihrem floralen Duft, der mit Jasmin vergleichbar ist, sowohl eine fruchtige als auch eine ledrige Note. Die Fruchtigkeit erinnert ein wenig an Aprikose oder Pfirsich, was den Duft zu einer der wenigen natürlichen Fruchtnoten in der Parfumherstellung macht. Der Duft ist komplex und ergänzt oft blumige oder ambrierte Akkorde. Diese Vielschichtigkeit macht ihn zu einem potenziellen Hauptakteur in einem Parfum, der sich für faszinierende, berauschende Kompositionen eignet.

Die Gattung *Osmanthus* umfasst mindestens 26 Arten und gehört zur Familie der Ölbaumgewächse (*Oleaceae*). Sie kommt in ganz Asien vor, von der Türkei bis Japan. Ihr Name leitet sich vom griechischen Wort für „duftende Blüte" ab. Viele Arten sind beliebte Zierpflanzen, aber am häufigsten angebaut wird die Süße Duftblüte (*O. fragrans*), die in China, Japan und Südostasien zu Hause ist. Dort wird sie zur Aromatisierung von Speisen und Getränken, etwa Tee, verwendet. In kühlen Gebieten wächst sie langsamer und muss vor Frost geschützt werden. Die Art *O. yunnanensis*, aus der chinesischen Provinz Yunnan, ist viel kälteresistenter und trägt ebenfalls duftende Blüten.

ESSENZIELLE PARFUMS

Osmanthe Liu Yuan
von Le Jardin Retrouvé

Amelia
von Grossmith

Love Osmanthus
von Atelier Cologne

VEILCHEN

Viola odorata – Violaceae

Das Veilchen war die Lieblingspflanze von Napoleon Bonaparte. Joséphine hatte die Blumen auf Malmaison angebaut und nach ihrem Tod schmückte er damit ihr Grab.

Als er ins Exil geschickt wurde, trugen seine Anhänger heimlich Veilchen, und als er starb, fand man bei seinem Leichnam ein Medaillon, in dem sich einige der violetten Blumen befanden. Der süße, pudrige Blütenduft war in Frankreich jedoch schon lange vor Napoleon beliebt. Seine Verwendung in Parfums reicht viel weiter zurück – zu Parfumeuren aus dem Nahen Osten, die Veilchenöl durch Destillation herstellten.

Dieses Verfahren ist eine aufwendige und schwierige Arbeit. Für die Gewinnung von nur 1 Kilogramm Öl werden rund 33 Tonnen Blüten benötigt. Aus diesem Grund wird der begehrte Duft in den meisten Parfums künstlich nachgebildet. Gegen Ende des 19. Jahrhunderts gelang es deutschen Chemikern, das duftgebende Molekül aus den Veilchen zu isolieren: Jonon. Seine Entdeckung sollte die Parfumindustrie für immer verändern. Heute werden Jonone in vielen Düften verwendet; die meisten sind synthetisch, aber verschiedene Arten kommen auch in der Natur vor. Das Jonon, aus dem Irisduft kreiert wird, findet sich beispielsweise in Pistazien und Tomaten.

Auch die Blätter der Veilchen tauchen in Parfums auf – als grüne Note.

Für die Parfumerzeugung relevant ist das Duftveilchen, eine ausdauernde Pflanze, die ihre Heimat in Europa, im Iran und im Nordwesten Afrikas hat. Es wird wegen seiner wohlriechenden Blüten gezüchtet, die nicht nur als Zutat in Parfums, sondern auch in Lebensmitteln verwendet werden – etwa in Konfekt oder Gelees, als kandierte Tortendekoration oder frisch auf Salaten. Veilchen werden auch schon lange wegen ihrer nachgesagten Heilwirkung geschätzt, etwa als Hausmittel bei Husten oder Halsschmerzen. In wissenschaftlichen Studien zeigten Zubereitungen aus Veilchenblättern eine antimikrobielle und entzündungshemmende Wirkung.

ESSENZIELLE PARFUMS

Violette Kew
von Le Jardin Retrouvé

Love in Black
von Creed

Insolence
von Guerlain

PFINGSTROSE

Paeonia-Arten – Paeoniaceae

Pfingstrosen sind nicht nur unglaublich schön, sondern verströmen auch einen natürlich süßen, frischen Duft, der von rosenhaft bis zitrusartig ausfallen kann.

Wenn Sie schon einmal einen Strauß Pfingstrosen gekauft haben, ist Ihnen vielleicht aufgefallen, dass manche Blüten stärker duften als andere. Generell gilt die Pfingstrose als „stumme" Blume, die zwar riecht, aus der aber kein ätherisches Öl für die Parfumherstellung extrahiert werden kann. Der Duft wird also synthetisch nachgebaut, meist aus Akkorden, die den Eindruck „Pfingstrose" erwecken sollen.

Als Parfumzutat soll Pfingstrose oft Komplexität erzeugen, um einen blumigen Duft weniger linear zu machen. Häufig ist sie eine Komponente in fruchtigen, floralen Düften und der Parfumeur kann den Akkord anpassen, um den gewünschten Effekt zu erzielen. Soll der Duft maskuliner werden, kann sie mit holzigen und zitrischen Noten kombiniert werden. Die Komplexität und Frische von Pfingstrose trägt zu ihrer wachsenden Popularität in der Parfumerie bei. Der Trend zu einem zeitgemäßen, frischen Blumenduft hält weiter an und Häuser von Jo Malone bis Vilhelm Parfumerie und Floral Street versuchen sich an der Kreation eigener Pfingstrosendüfte.

Pfingstrosen sind beliebte Zierpflanzen, die in gemäßigten Klimazonen im Garten wachsen können. Der Gattungsname *Paeonia* leitet sich vom griechischen *Paion* ab. Paion oder Paian war in der griechischen Mythologie der Arzt der Götter, was auf die traditionelle Verwendung der Pfingstrose als Arzneipflanze hinweist. Die Blüten der Gemeinen Pfingstrose (*Paeonia officinalis*) wurden in der Volksmedizin Europas für verschiedene Leiden angewandt, von Hautkrankheiten bis hin zu Rheuma. Die Wurzeln anderer Arten, unter anderem *P. lactiflora* und *P. ostii*, die in China beheimatet sind, werden seit langer Zeit in der traditionellen chinesischen Medizin eingesetzt.

ESSENZIELLE PARFUMS

No. 3 Regina di Peonie
von Nesti Dante

Peonia Nobile
von Acqua di Parma

Wonderland Peony
von Floral Street

ROSEN

EINE EINFÜHRUNG IN DIE ROSEN

Selbst wenn wir dieses Buch ganz der Rose gewidmet hätten, würde es nur einen Bruchteil von dem vermitteln, was es über diese Ikone der Parfumerie zu sagen gibt.

Die Rose ist ein Urgestein der modernen Parfumkunst und wird oft die „Königin der Blumen" genannt. Die heutigen Sorten sind vermutlich die Nachfahren früher Arten, die bereits im Oligozän existierten – ein Zeitalter, das vor rund 23 Millionen Jahren endete.

Als Duftstoff wird die Rose seit Tausenden Jahren verwendet. Rosenwasser (ein Duftwasser aus eingeweichten Rosenblüten) soll in China bereits seit 3000 v. Chr. bekannt sein und die alten Ägypter nutzten Rosenblüten als Badezusatz und zum Beduften von Räumen.

Nicht alle Rosen haben einen Geruch und die große Beliebtheit des Rosendufts in der heutigen Zeit ist vor allem auf die unzähligen Nuancen zweier gern genommener Arten zurückzuführen: *Rosa* x *damascena* und *Rosa* x *centifolia* (Kohlrose oder Mairose, eine Kreuzung aus der Damaszenerrose).

Letztere wird im französischen Grasse angebaut und dient als Ausgangsmaterial für ein Absolue, das zu den kostbarsten Duftstoffen auf der ganzen Welt zählt. Erstere wird in mehreren Ländern kultiviert. Ihre zartblättrigen, intensiv duftenden Blüten sind ungewöhnlich robust und überstehen mehrere Extraktionen.

Die chemische Struktur der Rose ist ein komplexes Gerüst aus flüchtigen Verbindungen, die eine wahre Fülle an Duftnoten präsentieren können – von leicht, kühl und erfrischend bis hin zu komplex, honigsüß und üppig. Eine Rosenbasis kann aus den Hauptbestandteilen nachgebildet werden, in einer echten Rose können sich jedoch noch über 300 andere Moleküle finden, weswegen das Original aus der Natur heiß begehrt ist und oft bevorzugt wird.

Die Kosten für die naturreine Rose können aufgrund der riesigen Mengen an benötigten Blüten ins Unermessliche steigen. Um aus *Rosa* x *damascena* 1 Kilogramm ätherisches Öl zu gewinnen, sind über 4 Tonnen Blüten erforderlich. Ähnlich teuer ist das Absolue. Wenn die Kosten jedoch gedeckt werden können, eröffnet die Vielfalt der extrahierten Arten in Kombination mit ihren tief nuancierten Düften scheinbar endlose kreative Möglichkeiten.

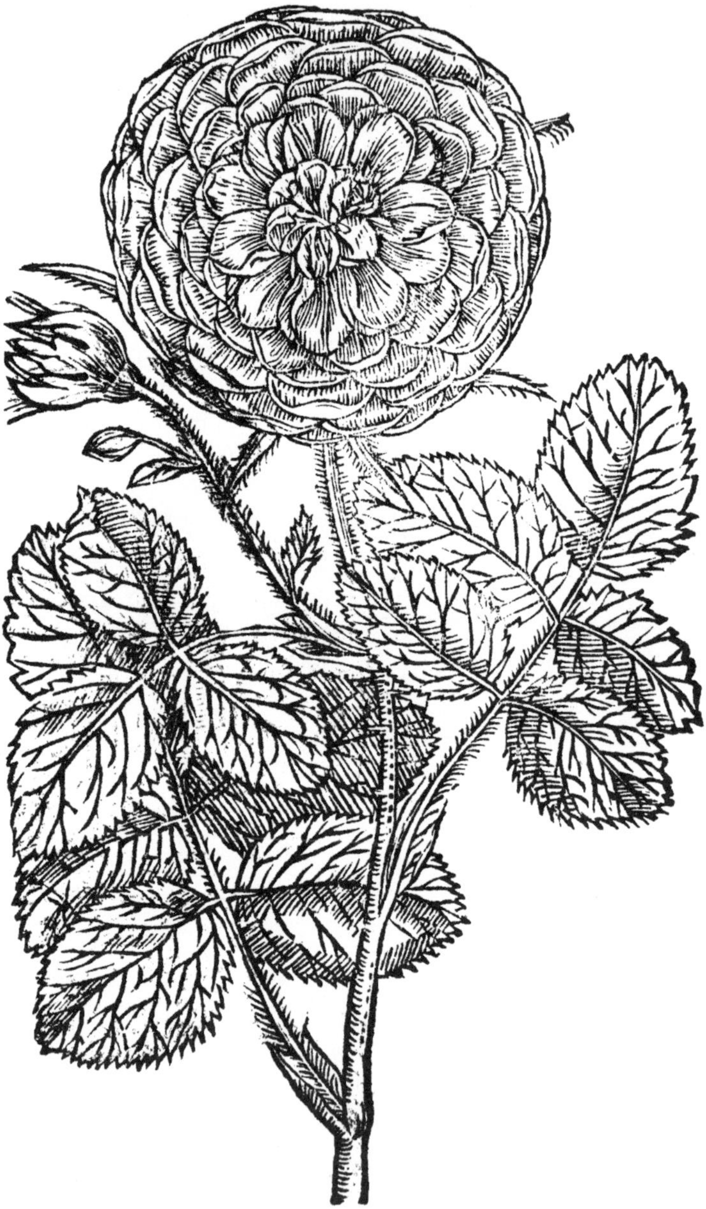

In dieser Form bildet die Rose das Herz vieler der beliebtesten (und meistverkauften) Parfums der Branche, unter anderem bei N°5 von Chanel, Shalimar von Guerlain oder Miss Dior von Dior. Obwohl Rose für manche ein altmodischer Duft ist, beweisen Hunderte neue Parfums, die jedes Jahr auf den Markt kommen, dass diese Blume wohl noch lange Zeit allgegenwärtig bleiben wird.

Kaum eine Pflanze, aus der sich weder Nahrung, Treibstoff, Fasern noch Arzneimittel herstellen lassen, hat von Gärtnern und Pflanzenzüchtern über viele Jahre eine so große Aufmerksamkeit erhalten wie die Rose. Aus einer Ausgangsmenge von mindestens 278 (aktuell anerkannten) Wildrosenarten wurden Tausende Sorten gezüchtet, viele durch umfangreiche Kreuzungen von Arten aus unterschiedlichen Teilen der Welt.

Die Wildrosen kommen überall auf der Nordhalbkugel vor und werden seit der Antike gezüchtet. Aus der Kreuzung von *Rosa gallica* und *R. moschata* ging die Damaszenerrose *R.* x *damascena* hervor. Ihre Verbindung zu Damaskus ist ungeklärt, aber sie soll von heimkehrenden Kreuzfahrern nach Europa gebracht worden sein.

Je nach Herkunftsort kann die Damaszenerrose auch Bulgarische, Türkische oder Taif-Rose heißen. Im 19. Jahrhundert entstanden neue Rosenklassen, darunter die Teehybriden und die Floribundarosen. Bei diesen Züchtungen ging es jedoch vor allem um das Aussehen und weniger um den Duft, was bedeutet, dass die alten Sorten für die Parfumherstellung noch immer die erste Wahl sind. Die französische Kaiserin Joséphine de Beauharnais gilt als eine der größten Mäzeninnen der Rosenzucht im 19. Jahrhundert. Ihr Einfluss reichte so weit, dass Schiffe, die neue Sorten für ihre Privatsammlung an Bord hatten, sogar die napoleonischen Seeblockaden umgehen durften.

Im kommerziellen Rosenanbau liegt der Schwerpunkt auf Schnittblumen sowie auf Duft- und Aromastoffen. Der Duft wird in verschiedenen Formen aus den Rosenblüten gewonnen: „Attar" (Rosenöl aus Dampfdestillation); Absolue (Extraktion mit Lösungsmitteln, ergibt ein Concrète, aus dem im nächsten Schritt die Wachsanteile entfernt werden); und Rosenwasser (entweder das Wasser aus der Dampfdestillation oder ein Auszug aus den Blüten). Die Hauptbestandteile von Rosenöl sind Citronellol, Geraniol und Phenylethanol. Einige der Stoffe, die nur in sehr geringer Menge vorhanden sind (etwa die Rosenketone), wirken sich überproportional stark auf den Duft aus.

Die Hagebutten einiger Arten sind essbar (und reich an Vitamin C), genau wie die Blüten. Rosenwasser wird häufig für die Herstellung von Lebensmitteln verwendet, unter anderem für die türkische Süßigkeit Lokum.

BULGARISCHE ROSE

Rosa x *damascena*

Im bulgarischen Rosental ist es kalt und nass.

Die Kühle des Frühlings verhindert, dass die Rose ihre wachsartige Schutzschicht bildet, und die Luftfeuchtigkeit führt zu einem höheren Ölgehalt in den Blüten. Die Bulgarische Rose ist eine Damaszenerrose mit einem frischen, würzigen, zitrischen und grünen Duft. Wie viele Rosen blüht sie nur wenige Wochen im Jahr und die Ernte ergibt rund 450 Tonnen Blüten. Der Ölgehalt der Rose ist morgens höher, darum werden sie möglichst früh am Tag gepflückt und möglichst schnell. Um den Ertrag zu maximieren, müssen die Blüten direkt nach der Ernte destilliert werden. Aus rund 5 Tonnen Rosen entsteht 1 Kilogramm Öl, das anschließend drei Monate reift, um den Duft noch zu verbessern. Ein Kilogramm Bulgarische Rose kostet rund €13.000.

ESSENZIELLE PARFUMS

Joy
von Jean Patou

Rose Perfection
von Robert Piguet

Idylle
von Guerlain

TÜRKISCHE ROSE

Rosa x damascena

Auch die Türkische Rose gehört zu den Damaszenerrosen.

Ihr Duft ist reichhaltig und samtig, mit einer süßen Honignote, und erinnert an Vintage-Parfums. In der Türkei werden die Rosen in Isparta angebaut. In dieser „Rosenstadt", wie sie auch genannt wird, werden auf 1600 Hektar Fläche Rosen angebaut. Es heißt, dass im 19. Jahrhundert die ersten Stecklinge der Türkischen Rose aus Bulgarien ins Land geschmuggelt wurden – im Inneren eines Gehstocks geschützt versteckt. Heute kommen über die Hälfte aller Damaszenerrosen aus der Türkei.

ESSENZIELLE PARFUMS

Rose Par Essence
von Les parfums de Rosine

Rose Load
von Boy Smells

Ella
von Arquiste

TAIF-ROSE

Rosa x *damascena*

Die Taif-Rose gehört ebenfalls zur den Damaszenerrosen.

Benannt ist sie nach der Region in Saudi Arabien, wo sie angebaut wird: Taif. Sie wächst unter ähnlichen Bedingungen wie die Bulgarische Rose, auf hügeligem Terrain, wo die Höhenlage und die kühleren Temperaturen dazu beitragen, dass sie ihren charakteristischen Geruch entwickelt. Der Duft der Taif-Rose ist von reichhaltiger Tiefe, mit teeartigen und pudrigen Noten. Die Taif-Rose gilt im Nahen Osten als Symbol des Adels. Jede Blume hat 30 Blütenblätter. Um ein kleines „Tola" (eine Ampulle mit 11,7 Gramm Öl) herzustellen, werden zwischen 10.000 und 15.000 Blüten benötigt. Tolas sind beliebte Hochzeitsgeschenke.

ESSENZIELLE PARFUMS

Rose de Taif
von Perris Monte Carlo

Taif Aoud
von Roja Parfums

Pantheon M Extrait
von Pantheon Roma

ZENTIFOLIE/ MAIROSE

Rosa x centifolia

Die Zentifolie, auch „hundertblättrige Rose" genannt, stammt aus Grasse, der Wiege der Parfumerie, und zählt zu den seltensten und wertvollsten Duftrohstoffen.

Ihr Duft gilt als zarter als jener anderer Rosen – süß, weich und wie ein frischer Blumenstrauß. Die Zentifolie (auch Mairose genannt) blüht nur 14 Tage im Jahr. Aufgrund ihrer Seltenheit und Qualität wird für ein Kilogramm Öl eine Tonne Blüten benötigt – im Wert von rund €25.000. Gerüchten zufolge besitzt Chanel ein Monopol auf die Blumen und ihre Gärten, aber da in Grasse immer mehr unabhängige Anbauflächen auftauchen, ist das offenbar nicht der Fall. Dennoch ist die Rose allein schon wegen der hohen Kosten kein Bestandteil von Allerweltsparfums.

ESSENZIELLE PARFUMS

Betrothal
von Grossmith

Rose de Mai
von Perris Monte Carlo

N°5
von Chanel

WEISSE BLÜTEN

ARABISCHER JASMIN

Jasminum sambac – Oleaceae

Der beste Arabische Jasmin stammt angeblich nach wie vor aus Indien, wächst aber auch im südlichen Himalaya und in China. Heute wird er sogar in Teilen Europas angebaut, unter anderem in der Schweiz.

Die kostbare Blume hat in Indien schon lange eine große Bedeutung für religiöse Zeremonien. Die Nutzung als Parfumrohstoff kam aber erst viel später. Der Duft ist reichhaltiger als bei anderen Jasminarten und besitzt eine buttrige, honigartige Süße.

Der Anbau floriert in Madurai, der indischen „Stadt des Jasmins" im Süden des Landes. Um nur ein Kilogramm Absolue zu gewinnen, werden rund 1000 Kilogramm frische Jasminblüten benötigt, und in nur einem Kilogramm der frischen Blüten befinden sich 5000–6000 Knospen. Den besten Duft hat der blühende Jasmin. Die Hersteller wollen aber keine offenen Blüten, sondern die Knospen, die nach dem Kauf in der Produktionsstätte verstreut werden und dort liegen, bis sie aufblühen. Dann werden sie verarbeitet.

Arabischer Jasmin ist ein begehrter Duftstoff und das Öl des höchsten Qualitätsgrads kann bis zu zehnmal mehr kosten als das anderer Jasminarten. Damit gehört es zu den teuersten ätherischen Ölen der Welt.

Die Gattung *Jasminum* aus der Familie der Ölbaumgewächse (*Oleaceae*) umfasst rund 200 Arten, deren Verbreitungsgebiet sich über Afrika, Asien und Australien erstreckt. Der Arabische Jasmin stammt eigentlich aus Indien, wird jedoch fast überall in Asien und in anderen Gebieten angebaut. Wie sein Name verrät, ist er in einigen arabischen Ländern äußerst beliebt. In vielen Regionen Asiens hat er auch eine kulturelle Bedeutung, etwa als Nationalblume der Philippinen. Das ätherische Öl, das aus der Destillation der Blüten gewonnen wird, enthält als Hauptbestandteil den Stoff Benzylacetat. Außer als Zierpflanzen und Parfumzutat werden die Blüten auch für die Zubereitung von Jasmintee verwendet.

ESSENZIELLE PARFUMS

Jasmine Sambac & Marigold Intense
von Jo Malone

J'Adore
von Dior

Alien
von Mugler

CHINESISCHER TEEJASMIN

Jasminum grandiflorum – Oleaceae

Jasminum grandiflorum stammt ursprünglich aus Indien, wird mittlerweile aber auf der ganzen Welt angebaut.

Vom Arabischen Jasmin unterscheidet er sich durch seine fünf länglichen Blütenblätter. Sein Duft ist fast narkotisierend: süß, grün und mit dem Hauch einer animalischen Note.

Die Pflanzen für die Ölherstellung müssen frühmorgens gepflückt werden, damit die Blüten, die sich in der Nacht öffnen, nicht von der Hitze der Sonne verbrannt werden. An den meisten Tagen kann ein Pflücker rund zwei Kilogramm Blüten ernten. Ein Kilogramm enthält rund 8000 Blüten. Um ein Kilogramm Concrète zu erhalten, werden 800 Kilo frische Blüten benötigt, woraus wiederum nur 600 Gramm Absolue gewonnen werden. Diese Zahlen verraten schon, dass es sich beim ätherischen Jasminöl um ein sehr teures Naturprodukt handelt.

Einige der hochwertigsten Blüten von *J. grandiflorum* stammen aus Grasse, der Wiege der Parfumerie. Oft wird aber übersehen, dass in der Mitte des 20. Jahrhunderts ein großer Teil der Blumenzucht aus Grasse in andere Länder verlegt wurde, etwa nach Ägypten und Italien, wo der Anbau günstiger ist. Mittlerweile lassen sich jedoch neue Züchter in Grasse nieder und bringen frischen Wind.

Der lateinische Artname *grandiflorum* bedeutet „großblütig". Umgangssprachlich wird die Pflanze unter anderem auch als Spanischer oder Königlicher Jasmin bezeichnet – auch wenn die Art nicht aus Spanien stammt, sondern von Ostafrika bis zum Himalaya vorkommt. In Indien wird sie vor allem zu medizinischen Zwecken verwendet, im Westen als ätherisches Öl. Jasmonate sind eine Gruppe von Phytohormonen, die erstmals aus *J. grandiflorum* isoliert wurden und in vielen unterschiedlichen Pflanzen enthalten sind. Sie dienen als Botenstoffe in den Abwehrmechanismen der Pflanzen bei Verletzungen und Infektionen.

ESSENZIELLE PARFUMS

Joy
von Jean Patou

Jasmin Des Anges
von Christian Dior

Pure Extrême
von Parfums M. Micallef

NEROLI

Citrus x aurantium – Rutaceae

Neroli ist das ätherische Öl, das aus den Blüten der Bitterorange destilliert wird. Sein Duft ist die perfekte Mischung aus entspannender Blumigkeit und süßer Orangenfrische.

Für die Herstellung von nur einem Kilogramm Neroliöl werden ungefähr 1,5 Millionen Blüten benötigt. Ein großer Parfumhersteller schätzte jüngst, dass allein für den eigenen Bedarf rund 1500 Personen zum händischen Pflücken der Blüten beschäftigt werden müssen.

Die Neroliproduktion ist auch an einen straffen Zeitrahmen gebunden. Die Ernte dauert etwa einen Monat und die Blüten müssen danach sofort destilliert werden, damit das Endergebnis keine unangenehmen Noten enthält. Wird alles richtig gemacht, kommt ein unglaublich intensiver Duft heraus. Er entfaltet sich stark, verflüchtigt sich jedoch oft schnell. Aus diesem Grund wird er meist als Kopfnote eingesetzt.

Die arbeitsintensive Produktion und der geringe Ertrag machen Neroli zu einem kostspieligen Vergnügen. Trotzdem bleibt es eine der beliebtesten floralen Noten in der modernen Parfumkunst. Und der Bitterorangenbaum hat noch mehr zu bieten als seine Blüten: Nach der eiligen Neroliproduktion widmen sich die Destillateure den Fruchtschalen sowie den Zweigen und Blättern, aus denen das Öl Petitgrain gewonnen wird.

Nach der Herstellung des ätherischen Öls behält das Kondenswasser aus der Destillation etwas vom Duft und wird als Orangenblütenwasser zur Aromatisierung von Backwaren verkauft. Der Stoff Limonen, der über 90 Prozent des Orangenöls ausmacht, ist in Neroli nur in geringen Mengen enthalten, dafür enthält es einen höheren Anteil anderer Terpene, wie etwa Linalool und Pinen.

ESSENZIELLE PARFUMS

Neroli Portofino
von Tom Ford

Neroli Blanc
von Au Pays de la Fleur d'Oranger

Solar Blossom
von Mizensir

MAIGLÖCKCHEN

Convallaria majalis – Asparagaceae

Es ist schwer zu glauben, dass eine der größten Ikonen der Blütendüfte, die durch Verkaufsschlager wie Diorissimo von Dior oder Lily of the Valley von Floris (eines der ältesten Parfums auf dem Markt), so gut wie nie in ihrer natürlichen Form verwendet wird.

Zwar ist es technisch möglich, aus Maiglöckchen (frz. *muguet*) ein ätherisches Öl zu gewinnen, aber der Arbeitsaufwand, der für die Ernte der winzigen Blüten nötig ist, lohnt sich kaum. Außerdem riecht das naturreine Öl so anders als die echte Blume, dass Parfumeure lieber zu Alternativen mit Namen wie Trimethylbenzolpropanol greifen. Aus diesem Grund gilt das Maiglöckchen als „stumme“ Blume.

In der Natur (und in originalgetreuen synthetischen Nachbildungen) ist Maiglöckchen ein blumiger Duft mit klarer Frische und einem deutlich grünen, frühlingshaften Charakter. Es dient oft als Vorbild für „Soliflore“ – Parfumkompositionen, die den Duft eines einzigen Rohstoffs wiedergeben. Manchmal findet es sich als Kopfnote in komplexen, schweren Parfums, um ihnen einen Hauch von Leichtigkeit zu verleihen.

Das Maiglöckchen ist ein Zeichen des Frühlings und gilt oft als Symbol für Glück, Wohlstand oder Neuanfänge.

Das Maiglöckchen ist fast überall in Europa beheimatet, von Großbritannien bis zum Kaukasus. Der Gattungsname *Convallaria* leitet sich vom lateinischen Wort *convallis* ab, was „Tal“ bedeutet, da die Pflanzen in der Natur oft in Tälern wachsen. Das Maiglöckchen wird vielerorts als Zierpflanze im Garten angebaut und blüht in der Regel im Mai, wie sein Name vermuten lässt. In der Volksmedizin hat es den Ruf, das Gedächtnis und das Herz zu stärken. Die Art enthält Stoffe aus der Gruppe der Herzglykoside, die sich auf die Herzfunktion auswirken. Bei Verzehr kann das Maiglöckchen Vergiftungserscheinungen hervorrufen.

ESSENZIELLE PARFUMS

Diorissimo
von Dior

Lily of the Valley
von Floris

Aire
von Loewe

TUBEROSE

Agave amica – Asparagaceae

Dieses Buch wäre nicht komplett ohne die Tuberose. Wir würden ja auch nicht Rose, Jasmin oder Sandelholz vergessen.

Tuberose wird auch die „fleischliche Blume" genannt und ihre kleinen weißen Blüten verströmen einen berauschenden Duft, der einen Raum tagelang erfüllt. Sein Auftakt ist fast medizinisch, doch dann entfaltet er sich zu einer honigsüßen, cremigen Blumigkeit.

Der Preis ist exorbitant: Für die Herstellung von einem Kilogramm Öl werden rund 7 Tonnen Blüten verarbeitet. Noch dazu müssen die Tuberosen jeden Morgen, wenn sich ihre Blüten öffnen, von Hand gepflückt werden. Auch die Pflanze selbst ist anspruchsvoll und gedeiht nur in einer sauberen, unkrautfreien Umgebung. Dank ihres intensiven Dufts genügt schon eine kleine Menge, um ein Parfum zu prägen, aber sie zum Star einer Kreation zu machen, ist purer Luxus.

Das ätherische Öl wurde ursprünglich durch Enfleurage gewonnen – manche Puristen tun das immer noch mit diesem Verfahren. Heute kann es aber auch mithilfe von flüchtigen Lösungsmitteln extrahiert werden. Aufgrund der Kosten und des geringen Ertrags war die Tuberose von den Hügeln von Grasse schon fast verschwunden, doch gegenwärtig erlebt sie in der Region ein Comeback.

Ihr Preis ist jedoch so hoch, dass viele Marken zur synthetischen Version greifen.

Die Tuberose trug früher den wissenschaftlichen Namen *Polianthes tuberosa*, doch in jüngerer Zeit wurde sie in die Gattung *Agave* aus der Familie der Spargelgewächse (*Asparagaceae*) integriert, zu der auch die Tequila-Agave (*A. tequilana*) gehört. Die Heimat der Tuberose ist der Süden Mexikos. Sie hat eine Blattrosette, aus der die Sprossachse bis zu 120 Zentimeter in die Höhe wächst, und weiße, stark duftende Blüten, die im Sommer erscheinen. Unter der Erde speichern ihre knollenartigen Wurzeln Wasser und Nährstoffe. Sie hat wie die meisten anderen Agaven fleischige Blätter, die ebenfalls Feuchtigkeit einlagern.

ESSENZIELLE PARFUMS

Fracas
von Robert Piguet

Carnal Flower
von Dominique Ropion für Frederic Malle

Tubéreuse Trianon
von Le Jardin Retrouvé

GARDENIE

Gardenia-Arten – Rubiaceae

Gardenie ist ein Kraftpaket von einem weißen Blütenduft, aber im Vergleich zu anderen weißen Blütendüften gilt dieser Riechstoff in der Parfumszene als Nachzügler.

Die Karriere der Gardenie als Duftzutat begann erst im frühen 20. Jahrhundert, was kaum zu glauben ist, da sie immer wie ein Urgestein der Branche erschien.

Wie bei vielen zarten Blüten ergibt die Dampfdestillation bei der Gardenie kaum Ertrag, darum wurde ihr Duft früher per Enfleurage eingefangen. Heute wird meist mithilfe von Lösungsmittelextraktion ein „Concrète" erzeugt. Was viele Arten dieses Kapitels gemeinsam haben, ist die geringe Ausbeute: Um ein Kilogramm Concrète herzustellen, werden 4 Tonnen Blüten benötigt. Das treibt den Preis in die Höhe. In Parfums kommt daher meist synthetische Gardenie zum Einsatz oder ein Akkord, der wie Gardenie riecht, aber aus anderen blumigen Düften zusammengesetzt ist, zum Beispiel aus Orangenblüte und Tuberose.

Gardenie ist ein grüner, opulenter weißer Blumenduft, cremig und sinnlich, dem sogar eine beruhigende, stresslösende Wirkung nachgesagt wird. Er ist auch stark, wie Sie vielleicht wissen, wenn Sie schon einmal eine Gardenie im Gartencenter gekauft haben. Der Geruch der Blüten kann einen Raum erfüllen.

Die Gattung *Gardenia* umfasst mindestens 127 Arten und ihre Heimat reicht von Afrika über Südostasien bis nach Australien und die pazifischen Inseln. Sie zählen zur Familie der Rötegewächse (*Rubiaceae*). Eine der am häufigsten kultivierten Arten ist *G. jasminoides*, die in Ost- und Südostasien zu Hause ist. Der Gattungsname ist eine Hommage an einen Botaniker aus dem 18. Jahrhundert, der passenderweise Alexander Garden hieß. Viele Gardenien sondern einen Saft ab, der Pflanzenfresser abschreckt. Einige Arten, vor allem jene, die nur auf kleinen Inseln wachsen, sind in freier Wildbahn vom Aussterben bedroht.

ESSENZIELLE PARFUMS

Narciso
von Narciso Rodriguez

Boutonnière No. 7
von Arquiste

Baciami
von Bvlgari

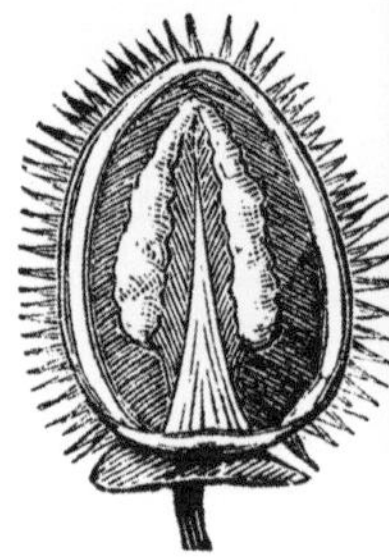

STECHAPFEL

Datura-Arten – Solanaceae

Diese Duftzutat klingt, als sollte sie lieber nicht mit der Haut in Berührung kommen – Stechäpfel sind giftig und als halluzinogene Rauschmittel bekannt. Das wirft eine berechtigte Frage auf: Wie kam der Stoff in die Parfums?

Sie wurden auch als „Teufelsapfel" oder „Engelstrompeten" (heute eine eigene Gattung) bezeichnet. Ihre Blüten öffnen sich abends und verströmen dann einen betörenden, honigsüßen Duft. Zum Glück kann er heute synthetisch nachgebildet werden, sodass das Aufsprühen des Lieblingsparfums keine unerwünschte Wirkung mehr hervorruft.

Im Laufe der Geschichte hatte der Stechapfel in vielen Kulturen eine große Bedeutung. In manchen galt er als heilige Pflanze, die eine zeremonielle Rolle spielte und der göttliche oder magische Eigenschaften zugeschrieben wurden.

Über die Verwendung des künstlichen Duftstoffs rümpfen viele die Nase, dabei können synthetische Komponenten äußerst nützlich sein. Die honigsüße, satte, blumige Note kann aber auch aus anderen Akkorden kreiert werden. Die meisten Parfumhäuser verleihen ihrem Duft damit einen mysteriösen oder verlockenden Touch und spielen mit dem „bösen" Ruf der Pflanze. Alle Parfums mit Stechapfel-Note, die wir getestet haben, riechen jedenfalls phänomenal.

Der Gemeine Stechapfel (*Datura stramonium*), ist nach seinen stacheligen Früchten benannt. Andere Trivialnamen sind Hexenkraut oder Dornapfel. Auf Englisch wird er auch „Jamestown weed" genannt, wegen seiner berauschenden Wirkung auf die Soldaten, die im 17. Jahrhundert die Rebellion Nathaniel Bacons im amerikanischen Jamestown zu vereiteln suchten. Die Blätter wurden früher geraucht, da sie Atemwegserkrankungen lindern sollten. Trotz seiner Giftigkeit enthält der Stechapfel auch Wirkstoffe, die in Medikamenten eingesetzt werden, etwa zur Behandlung von Darmkrämpfen.

ESSENZIELLE PARFUMS

Secrète Datura
von Maître Parfumeur et Gantier

Datura Blanche
von Keiko Mecheri

Mon Paris
von Yves Saint Laurent

FRANGIPANI

Plumeria-Arten – Apocynaceae

Frangipani heißen mehrere Arten der Gattung *Plumeria*, sommergrüne Sträucher mit einem berauschenden Duft, der uns von tropischen Landschaften, warmen Temperaturen und exotischen Früchten träumen lässt.

Zum Ursprung des Namens „Frangipani" für diese Pflanzen sind zahlreiche Geschichten im Umlauf. Die meisten handeln von einem Marquis Frangipani, einem italienischen Adeligen, der einen Duft für Lederhandschuhe kreierte (wie es im 16. Jahrhundert Brauch war). Viele Elemente dieser Überlieferungen widersprechen sich jedoch oder sind unbewiesen.

Unbestritten ist hingegen die kulturelle Bedeutung, die Frangipani in vielen Teilen der Welt genießt. Häufig wird die Pflanze mit Tempeln und Ritualen assoziiert. Sie ist beispielsweise die Nationalblume von Laos, wo sie *dok champa* heißt, und auf Bali ist sie tief mit der Kultur der Insel verwoben. Für viele ist Frangipani eine heilige Blume, deren fünf Blütenblätter die fünf Elemente des Universums symbolisieren: Erde, Feuer, Wasser, Luft und Äther.

Ihr Duft erinnert an Orangenblüte und Gardenie, mit cremigen Akzenten, die sich mit einer fruchtigen Note verbinden und an Pfirsich und Zitrus denken lassen. Er wird of als Herznote verwendet, um einem Parfum einen tropischen Charakter zu verleihen.

Plumeria gehört zur Familie der Hundsgiftgewächse (*Apocynaceae*) und umfasst aktuell mindestens 18 anerkannte Arten, die über die tropischen Regionen Mittelamerikas verbreitet sind, wobei auf Kuba eine besondere Artenvielfalt zu finden ist. Die meisten Arten wachsen als Büsche oder kleine Bäume. Die fünf Blätter ihrer Blüten überlappen sich wie bei einem Windrad. Frangipani hat sich mittlerweile in einem Großteil der Tropen eingebürgert. Wie viele Hundsgiftgewächse sondern auch Frangipanibäume einen giftigen Milchsaft ab, der nicht mit der Haut in Berührung kommen soll.

ESSENZIELLE PARFUMS

Frangipani
von Ormonde Jayne

Sydney Rock Pool
von Arquiste

Vanori
von Sylvaine Delacourte

YLANG-YLANG

Cananga odorata – Annonaceae

Einst galt diese cremeweiße Blume als billiger Ersatz für Jasmin, doch mittlerweile ist sie zu einem Zugpferd der Parfumbranche avanciert und schätzungsweise in über einem Drittel aller Düfte auf dem Markt enthalten – sogar im Herz des berühmtesten Parfums der Welt: Chanel N°5.

Sein Schöpfer, der Parfumeur Ernest Beaux sagte sogar, dass Ylang-Ylang die Kreation „zusammenhält" und ihm erlaubte, den hohen Aldehydanteil zu verwenden, der dem Parfum seine berühmte Champagnernote gab.

Die Pflanzen gedeihen in tropischen Regionen und wachsen zu Bäumen von bis zu 30 Meter Höhe heran. Sie werden bis zu 50 Jahre alt, wobei die Blüte nach etwa 25 bis 30 Jahren allmählich immer weniger wird. Die Blüten werden früh am Morgen gesammelt, wenn ihr Duft am stärksten ist. Ein Pflücker kann pro Tag bis zu 20 Kilogramm Blüten ernten und der Ertrag an ätherischem Öl, der aus ihnen gewonnen werden kann, ist relativ hoch.

Der Duft von Ylang-Ylang lässt sich irgendwo zwischen Tuberose und Jasmin einordnen. Er ist cremig, fruchtig und ein bisschen animalisch, in großer Menge auch medizinisch. Oft wird Ylang-Ylang mit anderen blumigen Düften zu einem Bouquet kombiniert, oder mit Vanille, um eine leichte Frische zu erzeugen.

Der schnellwachsende Ylang-Ylang-Baum ist in Südostasien und Australien zu Hause und gehört zu den Annonengewächsen (*Annonaceae*). Der lateinische Artname *odorata* bedeutet „duftend". Aus den Blüten wird durch fraktionierte Destillation ätherisches Öl gewonnen und nach Qualität klassifiziert. Die erste Fraktion, „Ylang-Ylang Extra", hat die höchste Qualität und beträgt rund 40 Prozent der gesamten Ausbeute. Das Öl ist eine komplexe Mischung aus Terpenen und anderen flüchtigen Verbindungen wie Pinen, Linalool, Geraniol, Methylbenzoat und Benzylacetat. Den Namen Ylang-Ylang tragen auch andere Annonengewächse, etwa der kletternde Ylang-Ylang-Wein (*Artabotrys hexapetalus*).

ESSENZIELLE PARFUMS

N°5
von Chanel

Diorissimo
von Dior

Ylang in Gold
von Parfums M. Micallef

GEISSBLATT

Lonicera-Arten – Caprifoliaceae

Der süße, berauschende, markante Duft von Geißblatt wird oft mit Jasmin verglichen. Der chemische Aufbau der beiden weist tatsächlich einige Ähnlichkeiten auf. Geißblatt wird auch oft als vanillig oder honigsüß beschrieben.

Sein Duft ist abends am intensivsten und hält die ganze Nacht über an, um Bestäuber anzulocken.

Zwar ist es möglich, aus Geißblatt ein Absolue herzustellen, aber der Geruch unterscheidet sich stark von dem der echten Blüte. Aus diesem Grund gilt Geißblatt als „stumme" Pflanze, deren Duft aus anderen Rohstoffen oder mittels Headspace-Analyse nachgebildet wird.

Die Headspace-Analyse (im Deutschen auch Dampfraumanalyse genannt), wurde in den 1980er-Jahren entwickelt. Bei diesem Verfahren können flüchtige Bestandteile von einer schwereren Probensubstanz getrennt werden, um ihre Konzentration zu ermitteln. So können Parfumschaffende sehen, aus welchen Naturstoffen ein Duft besteht, und ihn aus anderen Zutaten rekonstruieren.

Das ausdrucksstarke Geißblatt kommt in unzähligen Parfums zum Einsatz, aber einen besonders bemerkenswerten Auftritt hat es in Caprifoglio von Santa Maria Novella, inspiriert von der schlingenden Kletterpflanze, die eine alles umfassende Liebe symbolisieren kann.

Aktuell gibt es mindestens 158 bekannte Geißblattarten, die auf der Nordhalbkugel fast überall zu finden sind. In Großbritannien (und Deutschland) ist die häufigste Art *Lonicera periclymenum*, das Waldgeißblatt. Auch weitere Arten haben sich dort mittlerweile eingebürgert, etwa das Gartengeißblatt (*L. caprifolium*) oder das Japanische Geißblatt (*L. japonica*), das als invasive Art gilt. Sie wachsen als Lianen, die süß duftende Blüten tragen. Ihr englischer Name *honeysuckle* bezieht sich auf den honigsüßen Nektar, der bei manchen Arten essbar ist und aus den Blüten herausgesaugt werden kann. Die Pflanze sondert den Nektar ab, um Insekten für die Bestäubung anzuziehen, vor allem Schmetterlinge, Nachtfalter und Bienen.

ESSENZIELLE PARFUMS

Caprifoglio
von Santa Maria Novella

Nectar
von Commodity

Club Tokyo
von Roads

FRÜCHTE

RHABARBER

Rheum x *hybridum* – Polygonaceae

Wie viele andere Frucht- und Gemüsenoten in Parfums wird auch Rhabarber mit synthetischen Mitteln imitiert – und dazu gibt es für Parfumschaffende mehrere Möglichkeiten.

Der Parfumhersteller Firmenich entwickelte den beliebten synthetischen Riechstoff Rhubofix®, aus dem man den Duft von Rhabarber kreieren kann. Rhubofix® wird vor allem als Bestandteil von Parfums und als Duftstoff für Waschmittel und Weichspüler verwendet. Der erfrischende Geruch ist holzig, würzig, blumig und fruchtig und eignet sich perfekt, um den Charakter des Rhabarbers einzufangen.

Als Duftnote erfreut sich Rhabarber zunehmender Popularität. Seine frische Süße macht ein Parfum, dessen Duftverlauf mit Zitrus- oder anderen Fruchtnoten linearer bliebe, merklich komplexer. Er erinnert an die herbe Süße von Rhabarberkuchen und harmoniert mit floralen Noten, vor allem weißen oder pudrigen Blumen und Rosen, aber auch mit Lavendel und Gewürzen wie Zimt oder Ingwer.

Die modernen Kultursorten des Rhabarbers sind vermutlich eine Kreuzung aus einer bulgarischen und einer sibirischen Art. Er braucht kalte Winter, um zu gedeihen, darum wird viel davon im englischen Yorkshire angebaut. Der Blattstiel (Petiolus) kann roh oder gekocht verzehrt werden und hat einen säuerlichen Geschmack. Er wird gern als Zutat in Kuchen oder mit Vanillesauce gegessen. Oft wird er als „Treibrhabarber" gezüchtet – unter Lichtmangel, wodurch er größere, süßere Blattstiele ausbildet. Traditionell wurde er sogar bei Kerzenschein geerntet. Seine Blätter sind giftig. da sie Oxalsäure enthalten.

ESSENZIELLE PARFUMS

Electric Rhubarb
von Floral Street

Delina
von Parfums de Marly

Delicious Rhubarb & Rose
von Molton Brown

JOHANNISBEERE

Ribes nigrum – Grossulariaceae

Genauer gesagt: Schwarze Johannisbeere. Sie taucht gleich zweimal im Baukasten der Parfumkunst auf: Als Blütenknospe, die eine Mischung aus grünen, holzigen, fruchtigen und balsamischen Noten bietet, und als Beere selbst, die fruchtigen, blumigen Kreationen eine saftige Süße verleiht.

Aus den Knospen wird meist durch Lösungsmittelextraktion ein ätherisches Öl gewonnen. Doch wie viele andere Fruchtnoten wird auch Schwarze Johannisbeere viel öfter im Labor konstruiert. Um ein Kilogramm Absolue für die Herstellung des Öls zu erzeugen, werden 30 Kilogramm Knospen benötigt. Die meisten Knospen stammen aus der französischen Region Burgund. Schätzungen zufolge werden über zwei Drittel aller angebauten Knospen in der Parfumindustrie verwertet.

Schwarze Johannisbeere muss mit Bedacht eingesetzt werden. Als Duftzutat vermittelt sie angenehm fruchtige Noten, aber ihre grünen Facetten können im Übermaß penetrant riechen und die animalischen Aromen zu stark oder feucht, wie ein regennasser Heuballen, oder gar an Urin oder Schweiß erinnern.

Die Knospe ist als Duft fest etabliert, aber die Beliebtheit der Frucht wuchs erst mit dem Trend zu fruchtigeren Parfums.

Die Schwarze Johannisbeere gehört in die Familie der Stachelbeergewächse und wird auf der ganzen Nordhalbkugel roh oder gekocht in Desserts, als Marmelade, eingekocht, als Likör oder Sirup konsumiert. Die Früchte enthalten viel Vitamin C sowie Anthocyane – Pflanzenstoffe, die für die intensive rotviolette Farbe (und die hartnäckigen Flecken) verantwortlich ist. In den USA wurde der Anbau der Schwarze Johannisbeere im Jahr 1911 verboten, um die Baumkrankheit Blasenrost einzudämmen. Dieser Pilz, der auch die Schwarze Johannisbeere als Wirtspflanze nutzt, bedrohte die amerikanischen Kiefernwälder. Seitdem ist die Frucht dort fast in Vergessenheit geraten.

ESSENZIELLE PARFUMS

Mixed Emotions
von Byredo

L'Ombre dans l'Eau
von Diptyque

Vocalise
von Maître Parfumeur et Gantier

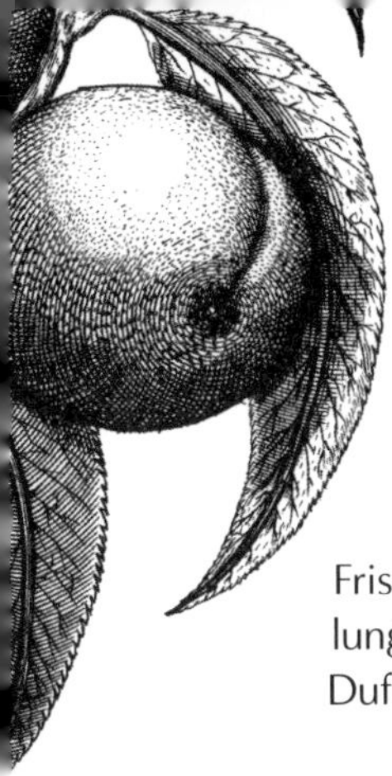

PFIRSICH

Prunus persica – Rosaceae

Frisch, süß, saftig und voller Geschmack. Allein die Vorstellung, in einen reifen Pfirsich zu beißen, erinnert uns an den Duft dieser köstlichen Frucht. Kein Wunder, dass er auch in Parfumkreationen eine beliebte Zutat ist.

Es gibt über 700 Pfirsichsorten auf der Welt und jede ist einzigartig. Doch trotz dieser Vielfalt und des herrlichen Dufts der Früchte ist es nicht möglich, ein hochwertiges ätherisches Pfirsichöl für die Verwendung in Parfums herzustellen. Also müssen Parfumeure zu künstlichen Duftstoffen greifen.

Der gebräuchlichste synthetische Aromastoff zur Imitation von Pfirsich ist „Aldehyd C14", das eigentlich kein Aldehyd, sondern ein Lacton ist. Es soll 1908 entdeckt und kurz darauf in Parfums verwendet worden sein, etwa in Mitsouko von Guerlain. Schon bald wurde es von großen Namen wie Caron in ihren Kreationen verbaut. In den 1950er-Jahren war es eine äußerst populäre Zutat, die bis heute zu den meistverwendeten Ingredienzen in den Parfumorgeln gehört. Der Geruch von Aldehyd C14 kommt der echten Frucht so nahe, dass es auch „Pfirsich-Aldehyd" genannt wird. Manchmal wird der Duft von Pfirsich auch mit Akkorden aus Naturstoffen nachgebildet.

Zur Gattung *Prunus* zählen auch Mandeln, Pflaumen und Kirschen. Der Pfirsich wurde erstmals im Norden Chinas gezüchtet und nicht in Persien, wie sein Artname vermuten lässt. Mittlerweile wird er in vielen Ländern angebaut, aber er ist eine anspruchsvolle Pflanze: Die Bäume gedeihen nur in einem schmalen Temperaturbereich und bei der genau richtigen Menge Regen. Erschwerend kommt hinzu, dass sie nicht sehr alt werden und anfällig für viele Schädlinge und Krankheiten sind. Pfirsiche und Mandeln sind botanisch so eng miteinander verwandt, dass man aus zermahlenen Pfirsichkernen einen Marzipanersatz herstellen kann.

ESSENZIELLE PARFUMS

Peau de Pêche
von Keiko Mecheri

Gucci Rush
von Gucci

Osmanthe Liu Yuan
von Le Jardin Retrouvé

APRIKOSE

Prunus armeniaca – Rosaceae

Der Duft der Aprikose ist wie fruchtgewordener Sonnenschein. Das Aroma wird oft als fast blumig, aber auch süß und saftig beschrieben. Es ist weicher als viele andere Fruchtnoten, aber unverkennbar. Dank seiner floralen Facette passt es hervorragend zu Blumennoten.

Der Duft der Frucht wird jedoch synthetisch erzeugt. Natürliches ätherisches Öl existiert zwar, wird aber aus den Kernen hergestellt und findet unter anderem in der Kosmetik Verwendung. Mit süßer Frische taucht Aprikose oft als Kopfnote eines Parfums auf und sorgt für einen samtig-fruchtigen Auftakt. In Kombination mit blumigen Noten erzeugt sie einen filigranen, femininen Duft und mit Vanille oder anderen Gourmand-Noten (die essbar riechen) entsteht ein saftiger Leckerbissen. Mit holzigen Düften wirkt sie sinnlicher und mit Moschusnoten bleibt sie weich. Sie ist schwer fassbar und unvorstellbar zart. Die Sinnlichkeit der Aprikose ist unter Fruchtnoten einzigartig. Dieser Charakter ist wohl der Grund, warum sie uns vorwiegend in femininen Düften begegnet.

In manchen Parfums soll eine synthetische Note die Blüten eines Aprikosenbaums heraufbeschwören. Ähnlich wie bei der Kirschblüte geht es dabei aber mehr um das Gefühl der luftigen Blütenwolken statt darum, den echten Duft aus der Natur einzufangen.

Schon wieder eine Art der Gattung *Prunus*, deren lateinischer Name täuscht: Die Aprikose stammt wohl nicht aus Armenien, wie früher vermutet, sondern aus Zentralasien. In anderen Teilen der Welt werden noch weitere *Prunus*-Arten „Aprikose" genannt, aber *P. armeniaca* ist die mit Abstand am häufigsten angebaute. Die Kerne der Aprikose haben wie viele *Prunus*-Arten einen mandelartigen Geschmack, denn sie alle enthalten Benzaldehyd. Die Hersteller von Amaretto verwenden bei der Erzeugung des Likörs oft die billigeren Aprikosenkerne, aus denen aber zuerst das giftige Amygdalin entfernt werden muss.

ESSENZIELLE PARFUMS

Apricot Privée
von Phlur

Belfiore
von Oman Luxury

Trésor
von Lancôme

KIRSCHE

Prunus avium – Rosaceae

Nun, da wir tiefer in die Welt der Fruchtdüfte eintauchen, bemerken Sie vielleicht einen Trend. Fruchtige Noten sind oft synthetisch, da es äußerst schwer und in manchen Fällen unmöglich ist, den natürlichen Duftstoff aus einer Frucht zu extrahieren. Eine große Ausnahme sind die Zitrusfrüchte.

Kirsche ist ein Aroma, das immer synthetisch bleiben wird. Zwar hat die Frucht einen Duft, aber die Moleküle, die den charakteristischen Kirschgeruch erzeugen, sind empfindlich und mit herkömmlichen Extraktionsverfahren kaum zu fassen. Kirsche wird oft aus fruchtigen und blumigen Akkorden oder Zutaten wie Acetophenon und Benzaldehyd nachgebildet. Letztere sind aromatische organische Verbindungen, die in anderen Früchten vorkommen, etwa in Äpfeln oder Aprikosen.

Interessanterweise werden auch aus der Kirsche organische Verbindungen für die Parfumherstellung gewonnen. Aber fast alle von ihnen werden zur Kreation von pudrigen oder blumigen Noten herangezogen und nicht für fruchtige.

Eigentlich erübrigt sich die Frage, was der Zusatz von Kirsche in einem Parfum aussagen soll, denn es liegt auf der Hand: Sie ist eine süße, aber doch herbe Fruchtnote, die jedem Duft einen Hauch von Gourmand verleiht.

Die Süßkirsche ist in Europa beheimatet und wächst als großer Baum mit hübschen Blüten. Sie trägt kleine Steinfrüchte, die besonders von Vögeln gern gefressen werden. Der Artname *avium* leitet sich vom lateinischen Wort für „Vogel" ab. Die Sauerkirsche, die in der osteuropäischen Küche beliebt ist, bildet eine eigene Art (*P. cerasus*). Das Holz des Kirschbaums ist nicht nur wegen seiner Farbe beliebt, sondern auch, weil es sich leicht verarbeiten lässt. Die Kerne der Kirsche enthalten wie viele *Prunus*-Arten den giftigen Stoff Amygdalin, der von Enzymen im Körper zu Blausäure umgewandelt wird.

ESSENZIELLE PARFUMS

Aeternitas
von Franck Muller

Lost Cherry
von Tom Ford

Major Me
von Paco Rabanne

HIMBEERE

Rubus idaeus – Rosaceae

Diese Sommerfrucht bietet die perfekte Mischung aus süß und sauer. Ihr Duft ist fruchtig-grasig, was daran liegt, dass sie von Natur aus Jonon enthält – eine aromatische Verbindung, die in Blumendüften, etwa in Veilchen, aber auch in Heu enthalten ist.

Himbeernoten werden im Parfums in der Regel synthetisch erzeugt, zum Beispiel mit „Himbeerketon", auch „Frambion" genannt, das außerdem als Zusatzstoff in Lebensmitteln verwendet wird. In der Natur kommt es in vielen Beeren vor, aber auch in Honig, Kaffee und sogar Rindfleisch. Sein Duft ist fruchtig und pudrig. Es gibt noch weitere synthetische Duftstoffe, darunter solche, die vollständig im Labor hergestellt werden, um die Facetten der Himbeere darzustellen: ihre marmeladigen, balsamischen oder holzigen Noten. Allgemein gilt, dass Himbeere gut zu Blumendüften passt, besonders zu Rose.

Auch die Blätter der Himbeere spielen in der Parfumherstellung eine Rolle. Sie eignen sich gut als Basisnoten, die dabei helfen, andere Komponenten zusammenzufügen, was ihnen vor allem in holzigen, grünen oder Chypre-Düften mühelos gelingt. Ihr Duft ist komplex, aromatisch und hat etwas von Tee. Auch er harmoniert gut mit Rose und verstärkt die Haltbarkeit einer fruchtigen Himbeernote.

Die Pflanzengattung *Rubus* – die Himbeeren und Brombeeren – ist mit über 1480 aktuell anerkannten Arten sehr groß. Die Himbeere (*R. idaeus*) hat ihren Artnamen vom Ida-Gebirge, in dessen Nähe die antike Stadt Troja lag, ist jedoch überall in Europa und im Norden Asiens zu finden. Sie ist eine robuste ausdauernde Pflanze, die vor allem in kühleren Regionen geschätzt wird, weil sie auch dort gedeiht, wo andere Obstsorten verkümmern. Für den Geschmack und den Duft von Himbeeren ist vor allem das Himbeerketon verantwortlich, das in den echten Früchten nur in geringen Mengen vorhanden ist und als Himbeer-Aromastoff in der Regel künstlich hergestellt wird.

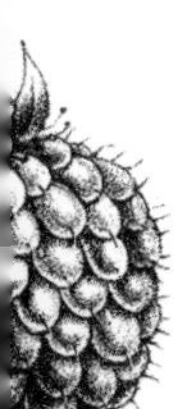

ESSENZIELLE PARFUMS

Flamenco
von Ramon Monegal

Fraîcheur Muskissime
von Maître Parfumeur et Gantier

So Scandal!
von Jean Paul Gaultier

LITSCHI

Litchi chinensis – Sapindaceae

Eine frische Litschi zu essen ist ein absoluter Genuss. Sie bietet eine wahre Geschmacksexplosion aus feinen, saftigen, süßen, frischen und exotischen Aromen.

Genau dieses Erlebnis möchten Parfumeure oft olfaktorisch darstellen, wenn sie eine Litschinote in ihren Duft einbauen. Sie harmoniert mit anderen exotischen Früchten, aber auch mit blumigen und holzigen Noten. Litschi ist häufiger in frischen Sommerdüften zu finden und soll ein Gefühl von Tropenurlaub und Sonne auf der Haut erwecken. Eine Zutat, die Vergnügen und Heiterkeit in den Flakon bringt.

Wie viele Fruchtnoten wird auch Litschi synthetisch hergestellt. Parfumeure und Chemiker lassen sich aber von den natürlichen aromatischen Verbindungen der echten Frucht inspirieren. Der meistverwendete künstliche Litschiduft hat einen marmeladigen Charakter, mit Anklängen vieler Früchte, wie etwa Pflaumen, Weintrauben und Beeren, aber auch einen floralen Hauch von Rose.

Einer der berühmtesten Litschidüfte, Delina von Perfumes de Marly, nutzt die Rosenfacette und ergänzt sie mit Kopfnoten aus Litschi und Rhabarber, noch mehr Rose in der Herznote neben Pfingstrose und einer Basis aus Moschus und Vanille. So entsteht eine der beliebtesten fruchtigen Blumennoten auf dem Markt.

Die Litschi gehört zur Familie der Seifenbaumgewächse (*Sapindaceae*), in der sich unter anderem auch Ahorn und Rosskastanie befinden. Sie ist in Südostasien, Teilen des südlichen und östlichen Chinas und auf den Inseln Indonesiens beheimatet. Die weiße Frucht steckt in einer rötlichen, stachelbewehrten Schale, ähnlich wie bei der Rosskastanie, und hat einen braunen Kern. Wie ihre nahe Verwandte, die Aki, kann auch die Litschi bei übermäßigem Verzehr eine gefährliche Unterzuckerung (Hypoglykämie) verursachen. In Maßen genossen sind Litschis jedoch unbedenklich und eine hervorragende Vitamin-C-Quelle.

ESSENZIELLE PARFUMS

Delina
von Parfums de Marly

Very Good Girl
von Carolina Herrera

Sugar Lychee
von Fresh

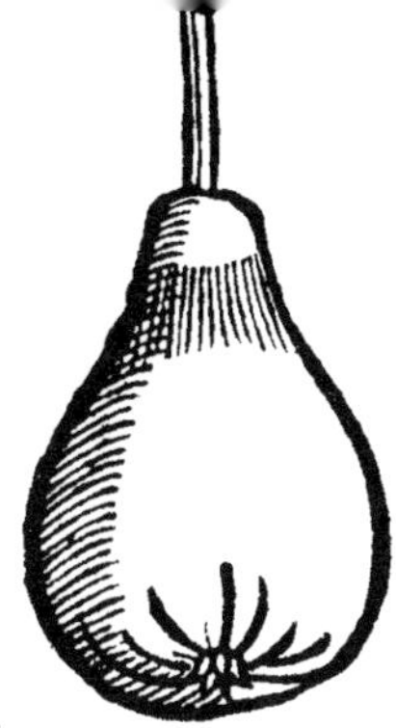

BIRNE

Pyrus communis – Rosaceae

Wenn Sie sich den Duft einer Birne vorstellen sollen, denken Sie an eine frische, saftige, grüne Frucht oder eher an ein süßes Bonbon? Parfumeurinnen, die Birne als Duftbaustein in ihren Kreationen verwenden, lassen eine ganze Palette an Aromen entstehen.

In Parfums wird der Birnenduft in synthetischer Form beigefügt. Oft besteht er aus Zutaten wie Hexylacetat, das einem Duft eine fruchtige, grüne Frische verleiht und sowohl an Äpfel als auch an Birnen erinnert. In der Natur kommt der Stoff in Bananen und einigen Zitrusfrüchten vor, und er wird neben Parfums auch manchen alkoholischen Getränken zugesetzt. Im Labor wird eine naturidentische Version von Hexylacetat hergestellt; das ist nachhaltiger und ergibt immer den exakt gleichbleibenden Inhaltsstoff.

Birne gehört zu den süßeren Fruchtnoten. Sie hat auch eine frische, fruchtige Seite, wird meist aber für ihre bonbonhafte Facette verwendet. Manche Parfumeure imitieren auch das Holz des Birnbaums, vor allem das Brennholz, das einen aromatischen Rauch erzeugt, oder versuchen das Flair der Birnenblüten einzufangen, wie es auch mit anderen duftlosen Obstblüten gemacht wird.

Auf der ganzen Welt werden mehrere Arten der Gattung *Pyrus* angebaut, am häufigsten ist jedoch die europäische Kulturbirne (*P. communis*), aus der schon Hunderte Sorten gezüchtet wurden. Birnbäume sind wegen ihrer Früchte und ihres Holzes beliebt und können sehr hoch werden, wenn sie auf eigenen Wurzeln wachsen. Aus diesem Grund werden die Pflanzen oft auf einem Wurzelstock veredelt, um den Höhenwuchs einzuschränken. Birnbäume wachsen nur langsam, darum hieß es früher, dass man sie für die Nachkommen pflanzt. Aus den Früchten kann man, wie auch aus Äpfeln, durch Gärung Most herstellen.

ESSENZIELLE PARFUMS

Pear Inc.
von Juliette has a Gun

Onder de Linde
von Baruti

Jimmy Choo
von Jimmy Choo

APFEL

Malus domestica – Rosaceae

Als Duftzutat in Parfums wird Apfel meist als bestimmter Akkord beschrieben, etwa als „grüner Apfel-Akkord" oder „karamellisierter Apfel-Akkord".

Die Akkorde sollen die typischen Merkmale eines Apfeldufts wiedergeben. In der Parfumbranche wird Apfel allgemein als knackig, frisch und süß verstanden. Meist wird er als frische, fruchtige Note eingesetzt und seltener für karamellige Süße.

Den Duft eines Apfels kann man aus vielen unterschiedlichen synthetischen Stoffen zusammenbasteln. Der Primärgeruch ist für gewöhnlich die Frucht selbst, aber meist gibt es auch einen Sekundärgeruch, der alles mögliche sein kann, von Butter bis Brandy. Diese Duftvielfalt macht es möglich, so spezielle Akkorde erstellen zu können.

In der Parfumszene sind Fruchtnoten schon seit vielen Jahren beliebt, aber erst zum Ende des 20. Jahrhunderts verlagerte sich der Schwerpunkt von Zitrus auf andere Früchte, wie etwa Apfel. Auf einmal waren fruchtige Parfums so gefragt, dass verschiedene Marken auch das Design ihrer Flakons auf die Frucht abstimmten. Der Apfel ist beispielhaft für diesen Trend, der sich auch in den apfelförmigen Flakons von DKNY und Nina Ricci widerspiegelte.

Der Apfelbaum stammte ursprünglich aus den Bergen Kasachstans, hat sich mittlerweile aber über die gemäßigten Zonen der ganzen Welt ausgebreitet. Heute werden Tausende Apfelsorten angebaut – zum Rohverzehr, zum Backen oder für die Herstellung von Most. Das Geschmacksprofil eines Apfels hängt von den unterschiedlichen Anteilen von Säuren (vor allem Apfelsäure), Zuckern und Gerbstoffen (Tanninen) ab. Kochäpfel enthalten zum Beispiel mehr Säure und weniger Zucker als Tafeläpfel (die neben Geschmack auch auf Konsistenz gezüchtet werden). Kultursorten wachsen nicht aus Samen, sondern aus Trieben, die auf einen Wurzelstock aufgepflanzt werden.

ESSENZIELLE PARFUMS

Be Delicious
von DKNY

Boss
von Hugo Boss

Pomme Amoris
von Place des Lices

FEIGE

Ficus carica – Moraceae

Wie viele Fruchtnoten für die Parfumherstellung ist auch die Frucht der Feige nicht als Naturrohstoff erhältlich. Stattdessen kreieren Parfumeure einen Feigenakkord, der oft eine Kombination aus Stemone™ (ein Molekül aus dem Labor von Givaudan), Kokos, Holz- und anderen Noten ist.

Viele Jahre lang wurde Feigenduft aus einem natürlichen Absolue aus den Blättern der Pflanze erzeugt. Dieser Riechstoff war um einiges bitterer als die Frucht, konnte aber mithilfe von Petrolether aus dem Pflanzenmaterial extrahiert und anschließend mit Alkohol herausgewaschen werden. Heute ist Feigenblatt-Absolue in vielen Ländern verboten, da es als sensibilisierender Stoff gilt – eine Substanz, die eine Allergie auslösen kann. Aus diesem Grund wird Feige für Parfums künstlich nachgebildet.

Um den Duft der Frucht authentisch wiederzugeben, braucht es saftige, süße Noten, aber auch eine milchige Cremigkeit, die in der Branche „laktonisch" genannt wird und mit verschiedenen Stoffen erzeugt werden kann. Einer davon ist Gamma-Octalacton, eine flüchtige Verbindung, die in Pfirsichen und Mangos vorkommt, und deren cremiger Duft an Kokos erinnert. Aufgrund dieser Komponente harmoniert Feige besonders gut mit cremigen Holznoten wie Sandelholz.

In den letzten Jahren hat sich Feige zu einer trendigen Parfumzutat entwickelt und viele Häuser bedienen sich ihrer üppigen Fruchtigkeit, um ein warmes, mediterranes Flair zu vermitteln.

Die Gattung *Ficus*, die zur Familie der Maulbeergewächse (*Moraceae*) zählt, umfasst mindestens 880 derzeit anerkannte Arten, die über die meisten Kontinente verteilt sind. Die größte Artenvielfalt gibt es in den Tropen. Die essbare Feige (*Ficus carica*) stammt aus dem Nahen Osten und gilt als eine der ersten Kulturpflanzen der Welt. Die Feigenblätter haben eine charakteristische gelappte Form, die seit Adam und Eva (und den Statuen der Renaissance) ein Symbol für das Schamgefühl ist.

ESSENZIELLE PARFUMS

Ashoka
von Neela Vermeire

Fig
von Perfumer H

Tropica
von Maya Njie

KOKOSNUSS

Cocos nucifera – Arecaceae

Die Kokospalme und ihre Frucht mit dem weichen, süßen, cremigen Duft verkörpern die Tropen wie keine andere Pflanze.

Die Kokosnuss hat unter ihrer Außenschicht (dem Exokarp) eine faserige Hülle (das Mesokarp), das die harte Schale und das wohlschmeckende, duftende Fruchtfleisch schützt.

Früher wurden aus dem Kokosfleisch ätherische Öle hergestellt. Dazu wurde es gepresst und das Kokosöl, das herauskam, dampfdestilliert. Durch Auswaschen des Öls mit Alkohol konnte auch ein Absolue gewonnen werden, aber beide dieser Methoden kommen in der heutigen Parfumproduktion kaum noch zum Einsatz. Stattdessen nutzen viele Parfumeurinnen, die Wert auf natürliche Inhaltsstoffe legen, einen Duftstoff, der durch CO_2-Extraktion aus dem Fruchtfleisch herausgelöst wird.

In modernen Parfums wird Kokos aber meist synthetisch nachgebildet, etwa mit dem Stoff Gamma-Nonalacton (auch Aldehyd C18 genannt, obwohl er kein Aldehyd ist). Er riecht intensiv nach Kokos und gehört zu den meistverwendeten Lactonen in der Parfumherstellung.

Ob natürlich oder künstlich: Kokos bietet cremige Noten mit seidiger Weichheit in verschiedenen Intensitäten. Es passt zu warmen, sinnlichen Düften wie Vanille oder Sandelholz, eignet sich als Gourmand-Facette oder als Bestandteil fruchtig-tropischer Akkorde.

Die Kokospalme ist auf den Inseln Südostasiens und des Pazifischen Ozeans beheimatet. Sie hat sich besonders gut an den Strand als Lebensraum angepasst, wo die Luftfeuchtigkeit höher ist als im Landesinneren. Fast alle Teile der Pflanze werden genutzt. Die Kokosnüsse können roh verzehrt, getrocknet oder zu Kokosmilch oder Kokosöl verarbeitet werden. Das Öl ist reich an gesättigten Fetten und wird bei Raumtemperatur fest. Im Inneren der Frucht befindet sich das Kokoswasser. Die Kokosfasern (Coir) aus dem Mesokarp werden immer öfter als umweltfreundlicherer Ersatz für torfhaltige Blumenerde verwendet.

ESSENZIELLE PARFUMS

Dirty Coconut
von Heretic Parfum

Sydney Rock Pool
von Arquiste

Coconut Sun
von The 7 Virtues

LITSEA

Litsea cubeba – Lauraceae

Im China wird *Litsea cubeba* auch „May Chang“ genannt. Wenn Sie den Duft mit geschlossenen Augen riechen würden, könnte es Ihnen niemand übel nehmen, wenn Sie ihn für Zitrone hielten.

Das ätherische Öl von *L. cubeba* wird mittels Dampfdestillation aus den kleinen, pfefferkornartigen Früchten gewonnen und besitzt einen intensiven Zitrusduft, der mit einer zarten Süße und krautigen, metallischen Noten antrocknet. Er ist extrem flüchtig und durchdringt ein Parfum mit raumfüllender, überschäumender Klarheit. Trotzdem wird er oft als Herznote kategorisiert.

Litsea wird manchmal auch „exotische“ oder „tropische Verbene“ genannt, gehört jedoch zur Familie der Lorbeergewächse – wie auch Zimt und Rosenholz.

Aus den Früchten kann ein hellgelbes ätherisches Öl gewonnen werden, doch die Ausbeute ist dürftig. In Studien wurde versucht, den Ertrag zu verbessern, da der Hauptinhaltsstoff des Öls, Citral, ein wichtiger Rohstoff für die Synthese ist.

China ist der größte Produzent von *L. cubeba*, da die Pflanze in der traditionellen chinesischen Medizin schon seit langer Zeit als Mittel gegen alle möglichen Beschwerden eingesetzt wird – von Bauchschmerzen bis Cholera.

Litsea cubeba wird für mehr als nur Parfums genutzt, etwa als Gewürz, und für seine antioxidativen Wirkung.

Dieser kleine Baum in der Familie der Lorbeergewächse (*Lauraceae*) ist in Südostasien beheimatet, ungefähr von Nepal bis Japan und im Süden bis auf die Inseln Indonesiens. Der Artname von *L. cubeba* bezieht sich auf den Kubebenpfeffer, eine nicht verwandte Pflanze aus der Familie der Pfeffergewächse (*Piperaceae*). Aus den Früchten, die ähnlich wie Pfefferkörner aussehen, wird ein ätherisches Öl hergestellt, das unter dem Namen „May Chang“ verkauft wird und als Duft- und Geschmacksstoff Verwendung findet. Das Öl enthält viele Monoterpenoide. Über seine heilende Wirkung wurden schon mehrere Behauptungen aufgestellt, für die es aber noch kaum wissenschaftliche Belege gibt.

ESSENZIELLE PARFUMS

Coriander
von D.S. & Durga

Mediterraneo
von Carthusia

Petit Matin
von Maison Francis Kurkdjian

GRÄSER

VETIVER

Chrysopogon zizanioides – Poaceae

Es gab eine Zeit, in der gefühlt jedes Parfumhaus einen Duft auf dem Markt hatte, der ein Süßgras mit starkem Wurzelgeflecht ins Rampenlicht rückte: Vetiver.

Dieser begehrte Rohstoff, der in tropischen und subtropischen Regionen zu finden ist, spielt in einigen ikonischen Parfums eine wesentliche Rolle, aber zum Star wurde er erst 1957, als Vétiver von Carven auf der Bildfläche erschien.

Ein weiterer Blockbuster gelang Guerlain mit Vétiver im Jahr 1961. Dieser Duft bereitete den Weg, auf dem sich Vetiver zu einer der wichtigsten Zutaten für traditionell maskuline Parfums entwickelte.

Sein einzigartiger Duft wird seit der Antike geschätzt. Aus den Gräsern wurden früher Vorhänge gewebt, da sie eine natürliche kühlende Wirkung besaßen, Insekten fernhielten und den Wohnbereich mit ihrem Duft erfrischten.

Vetiver gilt als Basisnote, die eine trockene, holzige Facette mit luxuriöser Wärme verbindet.

Vetiver gehört zur Familie der Süßgräser (*Poaceae*) und ist mit Sorghumhirse und Zuckerrohr verwandt. Beheimatet ist er auf dem tropischen Festland Asiens, von Indien bis Vietnam, aber er wird auch in anderen Regionen angebaut. Die Pflanze wächst schnell und entwickelt ein tiefreichendes Wurzelgeflecht. Die Wurzeln sind der Rohstoff für die Parfumherstellung: Sie werden getrocknet, dann wird daraus ein ätherisches Öl destilliert. Die Hauptbestandteile seines Dufts sind die Sesquiterpenoide Alpha- und Beta-Vetivon sowie Khusimol. Diese Stoffe sind weniger flüchtig als die Monoterpenoide vieler anderer ätherischer Öle, was Vetiver zu einem besseren Fixateur macht.

ESSENZIELLE PARFUMS

Vétiver
von Guerlain

Vétiver
von Carven

Crazy Hours
von Franck Muller

ZITRONENGRAS

Cymbopogon-Arten – Poaceae

Die Zitronengräser sind eine Gattung aus aromatisch duftenden Pflanzen, die in vielen tropischen und subtropischen Regionen heimisch sind. Ihr Duft ergänzt den Baukasten der Parfumeure um eine intensive Zitrusnote.

Es gibt viele verschiedene Arten von Zitronengräsern. Eines der beliebtesten für die Parfumherstellung ist *Cymbopogon flexuosus*, dessen Blätter einen hohen Anteil des wichtigen Duftbausteins Citral enthalten. Er ist für das zitronenähnliche Aroma der gesamten Pflanze verantwortlich.

Wie auch bei vielen anderen Pflanzen wirken sich beim Zitronengras die Anbaubedingungen auf den Rohstoff aus, vor allem auf den Citralgehalt im Öl, der von Faktoren wie Erntezeit, Temperatur oder Bodenfeuchte beeinflusst wird und starken Schwankungen unterliegt.

Das ätherische Öl wird in der Regel durch Dampfdestillation gewonnen, aber auch andere Extraktionsmethoden können angewandt werden.

Zitronengras wird als Kopfnote eingesetzt, häufig in Kombination mit Zitrusfrüchten, etwa mit Bergamotte. Es hat sich auch als hervorragender Partner für blumige Duftstoffe bewährt und wird neben seinen zitrischen Eigenschaften auch gern für dezente grasige oder krautige Untertöne genommen.

Die Gattung *Cymbopogon* ist fast überall in den tropischen Regionen der Alten Welt zu finden und umfasst mindestens 53 anerkannte Arten – von denen mehrere unter dem Namen Zitronengras oder Lemongras angebaut und verkauft werden. Zu den bekanntesten gehören *C. citratus* (das Westindische Zitronengras, das trotz seines Namens aus Asien stammt) und *C. flexuosus* (das Ostindische Zitronengras). Beide sind essbar und werden auch zur Herstellung von ätherischem Öl verwendet. Sie enthalten Citral, den Inhaltsstoff, der dem Zitronengras seinen zitrusähnlichen Geruch und Geschmack verleiht. Aus der Art *C. nardus* wird das Citronellaöl gewonnen, das als Insektenschutz verwendet wird.

ESSENZIELLE PARFUMS

Fiero
von Casamorati

London 1969
von 4160 Tuesdays

Love
von Lush

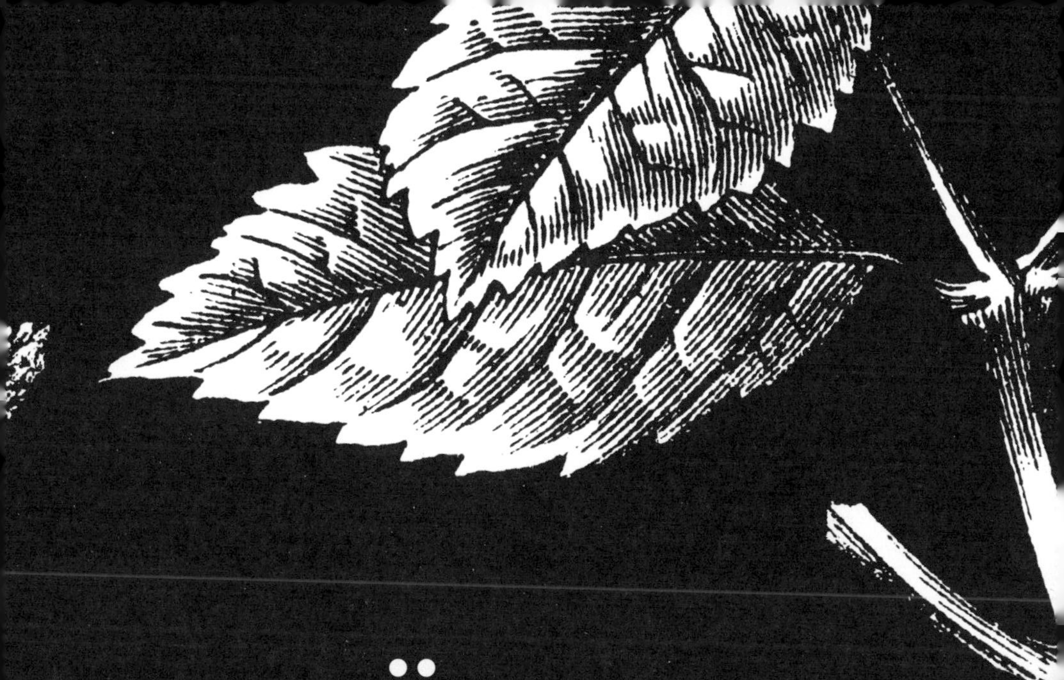

KRÄUTER

ENGELWURZ

Angelica archangelica – Apiaceae

Engelwurz, auch Angelika genannt, ist eine überraschend nützliche Ingredienz im Baukasten der Parfumeurin. Ja, sie bringt ihren Eigenduft mit, leistet jedoch großartige Dienste als Fixateur und ist ein hilfreicher Synergist, der andere Komponenten wirkungsvoller zusammenspielen lässt.

Sowohl die Samen als auch die Wurzeln der Pflanze können zu Duftstoffen verarbeitet werden. Die Samen haben eine frische, grüne, fast cannabisähnliche Kopfnote, mit herber Strenge und einem würzigen Drydown, der an Sternanis erinnert. Sie ist nicht ganz so holzig oder erdig wie das Öl, das aus der Wurzel gewonnen wird, aber die Basisnoten sind sich ähnlich.

Angelikawurzelöl ist teuer, da die Dampfdestillation nur eine geringe Ausbeute liefert und die Wurzeln nicht älter als zwei Jahre sein sollten. Ihr Duft gilt als besser als jener der Samen und passt wunderbar zu Eichenmoos, Vetiver, Patschuli und einigen Kräutern, darum taucht er oft in Chypre- oder Fougère-Kreationen auf. Er verändert die Stimmung eines Parfums und verleiht ihm Tiefe. Mit seiner weichen grünen, krautigen Art kann er einen Duft abwandeln, ohne ihn zu dominieren.

Die Engelwurz gehört wie der Sellerie zur Familie der Doldenblütler (*Apiaceae*) und ist in Nordeuropa zu Hause. Sie gedeiht in kühleren Regionen und wächst sogar in Grönland, aber der Großteil des kommerziellen Anbaus stammt aus Kontinentaleuropa. Die Stängel werden in kandierter Form zum Verzieren von Desserts verwendet, sind aber auch roh essbar. Die Wurzeln und Samen dienen oft der Aromatisierung von Getränken, etwa von Gin oder Wermut. Der Name „Angelika", wie die Pflanze auch genannt wird, bezieht sich auf ihren unverkennbaren Duft, der dem Volksglauben nach dem der Engel ähneln soll.

ESSENZIELLE PARFUMS

French Lover von Frédéric Malle

Purple Fig von Vilhelm Parfumerie

Comme des Garçons 2 von Comme des Garçons

PATSCHULI

Pogostemon cablin – Lamiaceae

Im 19. Jahrhundert wurden edle Wollschals aus der Region Kaschmir nach Europa importiert.

Um die empfindlichen Stoffe vor Motten zu schützen, wickelten die Händler sie in die Blätter des Patschuli, einer strauchigen Pflanze, die vorwiegend in Südostasien zu finden ist. Die Blätter hielten die Schädlinge fern, verströmten aber einen intensiven, erdigen Duft, und als sie in Europa ankamen, rochen auch die Schals danach.

Aufgrund der Beliebtheit dieser Stoffe in der Oberschicht wurde auch der sie begleitende Geruch zum Symbol für Luxus. Als jedoch die Bohemiens und Kurtisanen anfingen, ihre Kaschmir-Imitate mit Patschuliöl zu tränken, kam der Duft bei den Reichen aus der Mode und entwickelte sich zum Wahrzeichen der Gegenkultur.

Damit nahm die Verwendung des Patschuli aber weder ihren Anfang noch ihr Ende. Bei einer neueren archäologischen Untersuchung wurden in einem Salbengefäß aus einem 2000 Jahre alten römischen Grab Spuren von Patschuli nachgewiesen. Die Hippie-Bewegung der 1960er-Jahre machte sich Patschuli zu eigen und seitdem gehört es zu einem der meistgenutzten Düfte auf dem Markt.

Beim ersten Riecheindruck könnte man den schweren, waldigen Duft des Patschuli für ein Holz oder ein Harz halten. Er wird jedoch mit Wasserdampf aus den Blättern der Pflanze destilliert und ist auch ein hervorragender Fixateur.

Patschuli ist eine ausdauernde Pflanze, die ungefähr einen Meter hoch wächst. Seine gesägten Blätter erinnern an jene der Minze (die ebenfalls zur Familie der Lippenblütler gehört). Angebaut wird Patschuli vor allem wegen seines ätherischen Öls, das Sesquiterpenoide enthält. Eines davon ist Patschulialkohol (Patschulikampfer), der stark zum Gesamtduft beiträgt. In der Volksmedizin wurden Öle, Extrakte, Tees und andere Zubereitungen aus Patschuli als Mittel gegen Erkältungen, Kopfschmerzen und andere Beschwerden verwendet. Für die Wirksamkeit gibt es aber bisher kaum wissenschaftliche Belege.

ESSENZIELLE PARFUMS

Misfit
von Arquiste

Patchouli 1969
von Maître Parfumeur et Gantier

Patchouli Intense
von Nicolaï

MINZE

Mentha-Arten – Lamiaceae

Minznoten in Parfums sind extrem kurzlebig und verflüchtigen sich immer rasch.

Das heißt, ihr Duft hält nicht lange an. Aus diesem Grund wird Minze vor allem in den Kopfnoten eines Parfums verwendet – also in der ersten Phase des Duftverlaufs auf der Haut. Minze ist frisch und belebend, genau wie Zitrusnoten, aber anders als diese wirkt sie auch sehr kühlend.

Auf der ganze Welt gibt es viele verschiedene Arten von Minze, deren ätherische Öle von extrem preiswert bis erschreckend teuer ausfallen können. Für die Parfumherstellung sind vor allem die Pfefferminze und die Krauseminze (engl. Spearmint) von Bedeutung.

Bei den alten Griechen galt die Minze als „Kraut der Gastfreundschaft". Es heißt, sie bedeckten den Boden mit Minzblättern und liefen darauf herum, um die Öle freizusetzen und den Raum zu beduften.

Funden zufolge wurde Minze sogar noch früher als Parfumstoff verwendet, aber ihren berühmtesten Auftritt hatte sie Mitte des 19. Jahrhunderts, als Guerlain für Kaiserin Eugénie das Eau de Cologne Impériale kreierte. Eine modernisierte Version davon erschien 1974.

Heute kommt Minze vorwiegend in maskulinen Düften vor, aber auch in einigen femininen Parfums, etwa in Herba Fresca von Guerlain.

Die Pfefferminze (*Mentha* x *piperita*) ist eine Kreuzung aus zwei anderen Minzarten, *Mentha aquatica* (Wasserminze) und *Mentha spicata* (Krauseminze oder Spearmint). Pfefferminze und Krauseminze dienen oft als Aromastoffe, etwa für Süßigkeiten. Minzen sind auch Arzneipflanzen: Pfefferminzöl ist beispielsweise in Mitteln gegen Reizdarmsymptome enthalten. Es enthält auch den Stoff Menthol, der bei äußerlicher Anwendung die Thermorezeptoren auf der Haut stimuliert und einen kühlenden und leicht schmerzlindernden Effekt hat. Aus diesem Grund ist Menthol häufig ein Bestandteil in Hautpflegeprodukten zur Behandlung von juckender Haut und manchen Arten von Schmerzen.

ESSENZIELLE PARFUMS

Bohème
von Place des Lices

Dirty
von Lush

Menthe Fraîche
von Heeley

BASILIKUM

Ocimum basilicum – Lamiaceae

Parfums werden oft als „Kompositionen“ bezeichnet. Ähnlich wie ein Musiker komponiert der Parfumeur durch geschicktes Kombinieren verschiedener Noten eine Symphonie für die Sinne. Naturmaterialien sind jedoch auch in unveränderter Form schon fertige Symphonien.

Einer der schlauen Tricks, derer sich die Parfumindustrie bedient, ist die fraktionierte Destillation. Dabei wird die natürliche Zusammensetzung eines Rohöls zerlegt und in verschiedene Stoffgruppen („Fraktionen“) getrennt, um Einzelbestandteile aus dem Öl zu isolieren. Das heißt, ein Rohstoff wie Basilikum, das auch „Königskraut“ genannt wird, kann entweder im Ganzen verwendet werden, mit seinem komplexen Duft, oder in Form von Fraktionen. Ein häufig genutzter Inhaltsstoff ist beispielsweise Linalool, das krautig riecht und aus dem ätherischen Öl des Basilikums isoliert werden kann.

Die Art *Ocimum sanctum* wird auch „Heiliges Basilikum“ genannt. Es wurde angeblich im Grab Jesu Christi gefunden und wurde in koptisch-orthodoxen Kirchen dem Weihwasser zugegeben. Für Parfums wird jedoch am häufigsten die Art *Ocimum basilicum* genommen, das Große Grüne oder Süße Basilikum, das ein grüneres, süßeres Aroma besitzt.

Es taucht oft als Kopfnote auf, kann bei größeren Anteilen aber auch noch in den späteren Duftphasen präsent sein.

Basilikum wird oft als Küchenkraut verwendet, vor allem in Tomaten- und Nudelgerichten oder als Hauptzutat im Pesto. Basilikum ist eine einjährige Pflanze, deren ursprünglicher Lebensraum sich vom tropischen und subtropischen Asien bis in den Norden Australiens erstreckt. Mittlerweile wird sie in vielen Teilen der Welt angebaut. Seit Jahrhunderten wird Basilikum als Hausmittel gegen Verdauungsbeschwerden und für seine angeblich harntreibende Wirkung verwendet. Basilikumöl ist antiseptisch und wird in der Volksmedizin daher bei Insektenstichen, Bissen und Infektionen auf der Haut angewendet.

ESSENZIELLE PARFUMS

Lime, Basil & Mandarin
von Jo Malone

Eau de Basilic Pourpre
von Hermès

Swimming Pool
von Bibbi

WERMUT

Artemisia absinthium – Asteraceae

Die Hauptzutat im „Elixier der kreativen Eingebung" wird durch Dampfdestillation aus *Artemisia absinthium* gewonnen und ist wohl am besten als Geschmacksstoff des berühmt-berüchtigten Absinths bekannt.

Das aromatische Wermutkraut wird seit 2800 v. Chr. als Heilpflanze verwendet. Sein bitterer, grüner Duft hat eine warme, trocken-holzige Seite mit lakritzigen Noten und erinnert an Galbanum und Veilchenblätter.

Wermut ist für seine Intensität bekannt und seine stechende Bitterkeit wird von manchen als penetrant empfunden. Das heißt jedoch nicht unbedingt, dass er sparsam eingesetzt wird. Absinth hat eine bunte Kulturgeschichte, einen umstrittenen Ruf und dient schon lange als Inspirationsquelle für Parfumschaffende, die neue Wege gehen möchten. Und um das Wesen der berüchtigten Spirituose einzufangen, ist Wermut unerlässlich.

Besonders erwähnenswert ist hier das schlicht benannte Parfum Absinth von Alessandro Gualtieris Kultmarke Nasomatto („verrückte Nase"), das 2007 auf den Markt kam und als entscheidende Zutat Wermutöl enthält. Das provokante Label ließ vermelden, dass der Duft „Hysterie erzeugen" und „zu verantwortungslosem Handeln anstiften" soll.

Das Wermutkraut ist eine ausdauernde Pflanze aus der Familie der Korbblütler (*Asteraceae*) und ein naher Verwandter des Estragons (*Artemisia dracunculus*). Es enthält Sesquiterpenoidlactone, die ihm seine intensive Bitternote verleihen. Wermut ist nicht nur der wesentliche Geschmacksstoff in Absinth, sondern auch im Wermutwein. Absinth war aufgrund seiner halluzinogenen und giftigen Wirkung in vielen europäischen Ländern jahrelang verboten – aufgrund des Bestandteils Thujon, der dafür verantwortlich gemacht wurde (auch wenn nur Spuren davon im Wermut enthalten sind). Heute wird vermutet, dass falsche Destillationsmethoden, Verfälschungen und Überkonsum die tatsächlichen Ursachen für die Giftigkeit des Absinths waren.

ESSENZIELLE PARFUMS

Absinth
von Nasomatto

Cedarwood Absinth
von Experimental Perfume Club

Bohemian Absinthe
von Les Soeurs de Noé

DAVANA

Artemisia pallens – Asteraceae

In Indien wird Davana seit Jahrhunderten in Zeremonien und Ritualen verwendet. Die oberirdisch wachsenden Teile der Pflanze, die oft in der Nähe von Sandelholzbäumen angebaut wird, werden mit Wasserdampf destilliert.

Obwohl Davana ein außerordentlich starker Duftstoff ist, fiel er in der Parfumbranche bis Mitte des 20. Jahrhunderts nur wenigen auf.

Davana glänzt mit einem fruchtigen Aroma, das an Sirup und goldfarbene Spirituosen erinnert und die Noten von Aprikose, Beeren, Rosinen und feinen Kräutern in sich vereint. Beschrieben wird der Duft jedoch so unterschiedlich, dass die Gerüchte aufkamen, er rieche für jeden Menschen anders, weil er sich mit der individuellen Körperchemie verbinde und einzigartige Akzente freisetze. Das ist eine schöne Vorstellung, aber in Wirklichkeit liegt das wohl daran, dass Davana bereits ein hochkomplexer Stoff mit einer Vielzahl an Duftnoten ist, die je nach Person stärker oder schwächer zum Ausdruck gebracht werden.

Davana ist für seine Intensität bekannt, selbst in verdünntem Zustand, und kommt oft in opulenten Ambrée-Parfums zum Einsatz, um die Kreation noch zu vertiefen. Manche halten Davana auch für ein Aphrodisiakum, was erklärt, warum der Duft häufiger als Komponente in betont sinnlichen Kreationen auftaucht.

Davana, auch Feinblättriger Beifuß genannt, stammt aus dem Süden Indiens und gehört zur Gattung *Artemisia* (wie auch der Gemeine Beifuß, *A. vulgaris*). Der Gattungsname bezieht sich auf Artemis, die griechische Göttin der Jagd und der Natur. Wie auch andere *Artemisia*-Arten enthält Davana einen hohen Anteil von Sesquiterpenoiden und Sesquiterpenoidlactonen, die den charakteristischen Duft, aber einen sehr bitteren Geschmack erzeugen. Die Pflanze wird vorwiegend für die Herstellung von ätherischem Öl angebaut, gilt aber auch als Naturheilmittel zur Behandlung von Diabetes. Seine blutzuckersenkende Wirkung ist jedoch noch unzureichend belegt.

ESSENZIELLE PARFUMS

Givenchy Pour Homme
von Givenchy

Ambre Tibet
von Maître Parfumeur et Gantier

106
von Bon Parfumeur

TOMATENBLATT

Solanum lycopersicum – Solanaceae

In der Parfumherstellung gilt Tomatenblatt meist als unterstützende Duftnote und seltener als Hauptakteur. Als Badezusatz steht es ein wenig öfter im Rampenlicht.

Meist wird es in synthetischer Form zugegeben, um den Geruch der echten Pflanze zu imitieren. Tomatenblatt ist eine frische, grüne, krautige Note, die hervorragend in belebende Zitrus- und aromatische Blumendüfte passt.

Das berühmteste Parfum, das Tomatenblatt enthält, ist wohl Eau de Campagne von Sisley, ein Kultparfum aus dem Jahr 1977. Es ist eine Komposition aus Jasmin, Maiglöckchen und natürlich Tomatenblatt. Der frische, aromatische Duft galt bei seiner Markteinführung als bahnbrechende Innovation.

Tomatenblatt wird eigentlich in den Basisnoten eines Parfums eingesetzt. Passion von Annick Goutal machte sich seinen frischen, fruchtig-grünen Charakter aber als Kopfnote zunutze, wo es sich auf einer warmen Basis aus Eichenmoos, Vanille und Patschuli zu einem trockenen Chypre-Duft entfaltete. Für Ninfeo Mio schöpfte Goutal das Tomatenblatt erneut voll aus. Diesmal bildeten zitrische Noten den Kopf dieses holzigen Dufts. Dem folgte Hermès mit dem Parfum Un Jardin Sur le Nil, in dem Zitrus und Tomatenblatt sich zu einem perfekten Paar ergänzten.

Die Tomate stammt aus Südamerika und ist eng mit der Kartoffel (*Solanum tuberosum*) verwandt, obwohl sie rankenartig in die Höhe wachsen und keine Knollen bilden. Die genetische Ähnlichkeit geht so weit, dass man beide Arten miteinander kreuzen kann. Die so veredelte Pflanze trägt Tomaten an den Trieben und Kartoffeln an den Wurzeln. Ihr griechischer Artname bedeutet „Wolfspfirsich". In der Küche wird sie als Gemüse verwendet, auch wenn sie botanisch gesehen zum Obst gehört. Wie viele Nachtschattengewächse enthält auch die Tomate giftige Alkaloide, die aber nur in den Blättern in schädlichen Mengen vorhanden sind.

ESSENZIELLE PARFUMS

Eau de Campagne
von Sisley

Esprit du Roi
von Penhaligon's

Liberté Bohème
von Au Pays de la Fleur d'Oranger

TABAK

Nicotiana tabacum – Solanaceae

Von allen Duftstoffen, die in diesem Buch beschrieben werden, gehört der berüchtigte Tabak wohl zu jenen, die die meisten Assoziationen wecken.

Am besten bekannt ist die Pflanze als Inhaltsstoff in Zigaretten. Zuvor spielte sie jedoch schon lange eine wichtige Rolle in den Kulturen der amerikanischen Ureinwohner, die den Tabak und andere Kräuter für religiöse und zeremonielle Zwecke verwendeten.

Die meisten von uns kennen seinen Rauchgeruch, aber als Duftstoff in der Parfumerie ist er viel nuancierter und wird oft als komplex und süß beschrieben, mit einem Hauch von Vanille und grasigem Heu. Als eigenständige, wichtige Duftnote, wurde er in berühmten „Tabakparfums“ wie Tabac Blond von Caron verewigt, aber er wird auch häufig für dezente Effekte eingesetzt und ist extrem schwer nachzubilden.

Die großen, blassgrünen Blätter der faserigen Pflanze werden in einem Zeitraum von vier bis zehn Wochen geerntet und getrocknet, während dem die Blätter ihr bekanntes Braun annehmen.

Viele Rohstoffe reagieren empfindlich auf Extraktionsverfahren, bei denen Hitze eingesetzt wird, und müssen daher oft mit einer anderen Methode verarbeitet werden. Durch das Einlegen in ein Lösungsmittel wird der Duft auf sanfte Weise an die Flüssigkeit abgegeben. Nach dem Entfernen des Lösungsmittels bleibt eine hochkonzentrierte Substanz übrig: das sogenannte „Absolue“.

Der in Südamerika beheimatete Tabak gehört zur Familie der Nachtschattengewächse (*Solanaceae*). Der Gattungsname *Nicotiana* bezieht sich auf Jean Nicot, einen Diplomaten, der das Tabakrauchen in Frankreich eingeführt hat – das wiederum dem Nikotin, dem abhängig machenden Alkaloid im Tabak, seinen Namen gab. Nikotin ist ein Stimulans, aber der Körper gewöhnt sich schnell daran, sodass für die gleiche Wirkung immer höhere Dosen erforderlich sind. Tabak kann in Zigaretten oder Pfeifen geraucht, geschnupft oder als Kautabak über die Mundschleimhaut aufgenommen werden.

ESSENZIELLE PARFUMS

Tabac Blond
von Caron

Jasmin et Cigarette
von Etat Libre d'Orange

Perverso
von Baruti

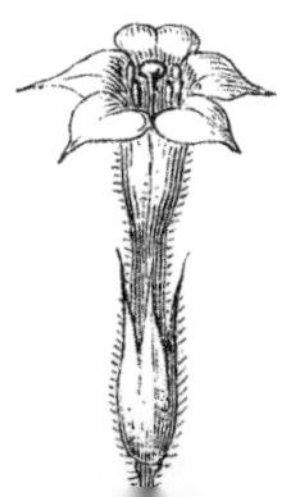

KORIANDER

Coriandrum sativum – Apiaceae

Koriander, manchmal auch Cilantro oder Chinesische Petersilie genannt, ist vor allem für seine aromatischen Blätter bekannt, aber das ätherische Öl wird aus den Früchten dieser krautigen, aus Südosteuropa stammenden Pflanze gewonnen.

Die Früchte, die meist als „Samen“ bezeichnet werden, werden oft per Wasserdampf zu einem blassgelben Öl destilliert. Es verleiht einem Duft frische, würzige und blumige Noten.

Koriandersamen wurden bereits um 5000 v. Chr. verwendet; in vielen alten Kulturen galten sie als Heilmittel. Sie enthalten wenig ätherisches Öl, das aber reich an Linalool ist. Diese organische Verbindung ist hauptsächlich für den typischen Koriandergeruch verantwortlich und wird von Pflanzen vermutlich als Abwehrstoff gegen Fressfeinde eingesetzt. Viele Parfumhäuser greifen aber lieber auf die synthetische Version zurück, die als naturidentisch gilt.

Der Duft von Koriander polarisiert und wird daher selten als Schwerpunkt eines Parfums gesetzt. Er spielt jedoch in einigen modernen Parfums eine tragende Rolle, unter anderem in Coriander von D.S. & Durga, das eine mediterrane Brise über Odessa verkörpern will, oder L’Air du Désert Marocain von Andy Tauer, das den Koriander mit einer Gewürzmischung temperiert, um den Duft der Wüste Maghrebs wiederzugeben.

Koriander gehört zur Familie der Doldenblütler (*Apiaceae*), ähnelt optisch der Petersilie und stammt aus den Ländern entlang der östlichen Mittelmeerküste. Die Blätter und Stiele werden beim Kochen meist erst zum Schluss beigegeben, um das Aroma zu bewahren. Die Samen werden getrocknet verwendet und behalten ihr Aroma beim Kochen. Am Geschmack von frischem Koriander scheiden sich die Geister. Einige Menschen finden ihn extrem unangenehm – vermutlich aufgrund einer genetischen Ursache, die dazu führt, das einige der Stoffe in den Blättern wie Seife schmecken.

ESSENZIELLE PARFUMS

Coriander
von D.S. & Durga

L’Air du Désert Marocain
von Tauer

No. 2 Ground
von Gabar

ROSMARIN

Salvia rosmarinus – Lamiaceae

Als Duftstoff in einem Parfum tritt Rosmarin als schüchterne, zurückhaltende Verwandte des Lavendels auf.

Wie Lavendel wird Rosmarin wegen seines aromatischen Geruchs verwendet. Er liefert krautige Noten und wird besonders gern für Fougère-Parfums genommen. Im Gegensatz zum Lavendel (siehe S. 134), der immer sofort erkannt wird, ist der Rosmarin nicht ganz so offenkundig. Er prägt den Charakter, aber ohne sich in den Vordergrund zu drängen.

Rosmarin wird seit Jahrhunderten als Duftstoff verwendet. Schon die alten Griechen nutzten ihn zum Räuchern. Die erste dokumentierte Destillation eines Öls stammt aus dem 15. Jahrhundert und er war auch eine Hauptzutat im „Ungarisch Wasser“, einem der ersten Parfums auf Alkoholbasis in Europa.

Zur Herstellung des ätherischen Öls werden die Blätter und Blüten der Pflanze von Hand gepflückt, damit nur beste Qualität in den Flakon gelangt, und anschließend mittels Wasserdampf destilliert. Das Öl hat einen minzigen, waldigen Geruch und wenn sich die anfängliche Frische verflüchtigt hat, verbleibt eine harzige Holzigkeit. Es ist ein äußerst nützlicher Baustein in der Parfumorgel, da es in jeder Phase verwendet werden kann, sowohl als frische Eröffnung oder als reichhaltiger, holziger Drydown.

Der Artname *rosmarinus* bedeutet „Tau des Meeres“ und bezieht sich auf die blauen Blüten des Rosmarins. In der Volksmedizin gilt er als gedächtnisstärkend. Studien untersuchten, ob das Riechen von Rosmarinduft die Gedächtnisleistung steigert, und ergaben, dass er antioxidative, entzündungshemmende und antimikrobielle Eigenschaften besitzt. Er wird schon lange als Hausmittel gegen Darmkrämpfe, Verdauungsbeschwerden und Appetitlosigkeit eingesetzt oder als äußere Anwendung bei Rheuma und Durchblutungsstörungen. Die dekorative Pflanze, die aus dem Mittelmeerraum stammt, ist ein beliebtes Küchenkraut, das vielen verschiedenen Speisen, Saucen und Dressings seine Würze verleiht.

ESSENZIELLE PARFUMS

Pansy
von Lush

Stockholm 1978
von Vilhelm Parfumerie

Cool Water Reborn
von Davidoff

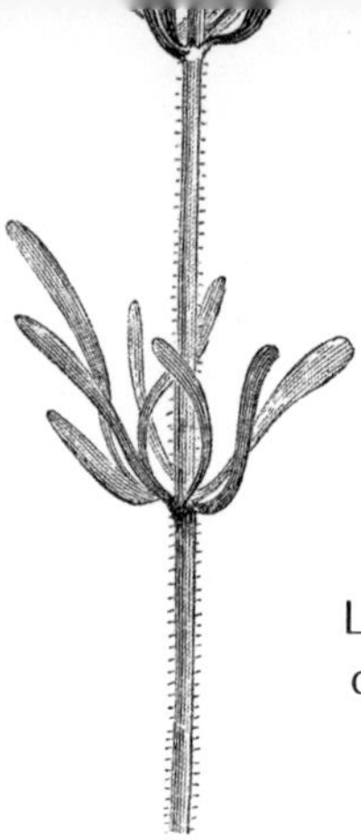

LAVENDEL

Lavandula angustifolia – Lamiaceae

Lavendelöl gehört zu den meistverwendeten Rohstoffen in der Parfumherstellung. Sein weltweiter Marktanteil soll bis 2027 einen Wert von 47 Millionen Dollar erreichen.

Seine unglaubliche Popularität beruht wohl auf seiner beruhigenden Wirkung, seiner häufigen Erwähnung und seiner symbolischen Darstellung in Jahrhunderten der Volkskultur – aber auch auf der Tatsache, dass der Lavendel, ein Verwandter der Minze, eine äußerst freigiebige Pflanze ist.

Lavendel eignet sich für mehrere Trennverfahren, unter anderem für die Wasserdampf- und die Hydrodestillation sowie die Lösungsmittelextraktion. Dabei entsteht eine Fülle von Ölen von denen jedes einen etwas anderen Duft besitzt.

Als „echter" Lavendel gilt die Art *Lavandula angustifolia* subsp. *angustifolia* (auch: *L. officinalis*), die vor allem in höheren Regionen im Süden Frankreichs (und mehr oder weniger gut in anderen Ländern) wächst. Sie hat ein unverkennbares blumiges, krautiges Duftprofil, das für viele von unübertroffener Qualität ist. Und die scheint mit zunehmender Höhenlage des Anbaugebiets zu steigen.

Eine der beliebtesten Arten ist der Lavandin, eine Kreuzung aus *Lavandula officinalis* und *L. latifolia*, die eine ausgeprägtere Frische aufweist und ertragreicher ist, aber generell als weniger hochwertig eingestuft wird.

Lavendel ist in Spanien, Frankreich und Italien beheimatet und wurde bereits in den römischen Thermen verwendet – sein Name leitet sich vom lateinischen *lavare* ab, was „waschen" oder „baden" bedeutet. Er wird schon lange wegen seiner beruhigenden und entspannenden Wirkung geschätzt, etwa als Zusatz in Kräuterkissen, die das Einschlafen fördern sollen. Wissenschaftlichen Studien zufolge hilft das Einatmen von Lavendelduft gegen innere Unruhe und verbessert die Schlafqualität. Äußerlich angewandt ist Lavendelöl auch ein guter Insektenschutz. Als Küchenkraut wird er zur Aromatisierung von Speiseeis, Marmeladen und Essig eingesetzt, und in Potpourris beduftet er den Raum.

ESSENZIELLE PARFUMS

Pour un Homme de Caron
von Caron

Jicky
von Guerlain

Wild Lavender
von Lorenzo Villoresi

MELISSE

Melissa officinalis – Lamiaceae

Der Melisse (auch Zitronenmelisse genannt) wird eine schlaffördernde, stresslösende Wirkung nachgesagt. Dieses beruhigende Kraut besitzt ein leichtes, frisches Duftprofil, das an Zitrone erinnert, aber durch minzige, krautige Nuancen ergänzt wird.

In vielen Ländern wird sie auch „Herztrost" genannt, da die getrocknete Pflanze angeblich die Symptome depressiver Verstimmungen lindert.

Nach der Ernte wird die Melisse mithilfe von Wasserdampf destilliert. Oft werden die zarten Pflänzchen so schnell wie möglich zur Weiterverarbeitung gebracht. Dennoch ist die Ausbeute so extrem gering (selbst nach mehreren Destillationsgängen), dass die Produktion des reinen Öls außerordentlich kostenintensiv ist. Aus diesem Grund verwenden Parfumeure meist eine Ersatzmischung aus anderen Duftstoffen, etwa Zitrone und Verbene. Diese Nachbildungen werden als „naturidentisch" bezeichnet und kommen oft in Eaux de Cologne zum Einsatz. Melisse dient meist als sprudelige Kopfnote mit klarer, belebender Frische.

Die britische Parfumeurin Angela Flanders, bekannt für ihren kleinen Laden auf der berühmten Columbia Road in London, kopierte ein Parfum aus dem Jahr 1370 („Ungarisch Wasser"), in dem die Melisse eine wesentliche Note war.

Melisse ist ein altes Hausmittel, das zur Beruhigung, als Verdauungshilfe, gegen Migräne und bei Melancholie angewandt wurde. Sie galt als lebensverlängernd und gedächtnisstärkend. Im 18. Jahrhundert beschrieb sie der Botaniker John Hill als „gut für Erkrankungen im Kopf und im Bauch", und im 16. Jahrhundert nannte sie der Arzt Paracelsus ein „Lebenselixier". Aus Melisse lässt sich ein ätherisches Öl herstellen, dessen Zitronenduft beruhigend wirken und vor Viren und Insekten schützen soll. Die Pflanze ist auch als Küchengewürz bekannt und wird als Zutat in Kräuterlikören wie Chartreuse verwendet.

ESSENZIELLE PARFUMS

Artillery No. 3, Hungary Water
von Angela Flanders

Acqua Colonia Melissa & Verbena
von 4711

Cuentos de la Selva
von Fueguia 1833

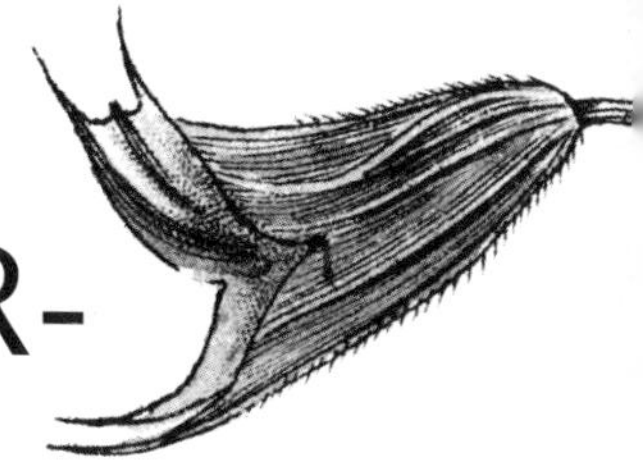

MUSKATELLER-SALBEI

Salvia sclarea – Lamiaceae

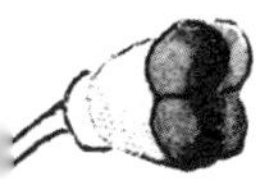

Muskatellersalbeiöl, das Parfumeure wegen seines einzigartigen Dufts schätzen, kann mittels verschiedener Trennverfahren aus den Blüten der Pflanze gewonnen werden. Das Ergebnis ist entweder ein süßes, krautiges ätherisches Öl oder ein Absolue mit starken Tabaknoten.

Die alten Römer hielten Muskatellersalbei für ein Aphrodisiakum und in der Volksmedizin spielte er schon im 4. Jahrhundert eine Rolle. Er wird auch „Duft der Klarheit" genannt und sein Artname leitet sich vom lateinischen Latin *clarus* („klar") ab.

Muskatellersalbei enthält die organische Verbindung Sclareol, aus der Ambroxid (Handelsname: Ambroxan) synthetisiert wird – eine moderne Alternative zu Ambra.

Ambra, die auch als „schwimmendes Gold" bezeichnet wurde, ist eine äußerst seltene Substanz, die als Stoffwechselprodukt im Verdauungstrakt von Pottwalen entsteht. Sie wird meist an Küsten gefunden und da sie nicht industriell erzeugt werden kann, hat sie einen saftigen Preis. Ambroxid ist daher eine gute Alternative für Parfumeure, die mit diesem Duft arbeiten möchten.

Muskatellersalbei wird gern als Herznote genommen, da er nicht übermäßig flüchtig ist. Er verleiht blumigen und holzigen Duftstoffen eine gewisse Natürlichkeit und kann andere Noten in einer Parfumkreation abwandeln.

Der Name *Salvia* bedeutet „gesund sein" und bezieht sich vielleicht auf die volksmedizinischen Anwendung mancher Salbeiarten. Muskatellersalbei wird als Hausmittel bei Verdauungsbeschwerden, Zahnfleischentzündung, Augenerkrankungen, allgemeinen Krankheitssymptomen und Nervosität eingesetzt. Er wird auch „Römischer Salbei" oder „Scharlachkraut" genannt. Studien zufolge besitzt Muskatellersalbeiöl und einer seiner Bestandteile, Sclareol, eine antimikrobielle Wirkung. Beheimatet ist die Pflanze, die auch als Küchengewürz verwendet wird, im Mittelmeerraum und in Zentralasien.

Essenzielle Parfums

Color Dreams
von Franck Muller

1872 Masculine
von Clive Christian

Haze
von Akro

CANNABIS

Cannabis sativa – Cannabaceae

Die Verwendung von Cannabis in der Parfumherstellung erscheint wie ein Marketinggag für schnelle Publicity, was in manchen Fällen auch stimmt. Seit einigen Jahren steigt die Beliebtheit dieses Duftstoffs und dahinter steckt mehr als reine Provokation.

Cannabis – also Hanf – wird in der Parfumerie nicht wegen seiner berauschenden Wirkung geschätzt, sondern für sein Aroma. Sein Duft wird nicht einmal für herbe, bittere oder verbrannte Noten verwendet, sondern ist grün und blumig, mit einer gewissen Erdigkeit, einer frischen Säure und nur einem Hauch von Rauchigkeit.

Die Beliebtheit von Cannabis als Duftzutat könnte auf zwei wachsende Trends zurückzuführen sein. Der erste sind die Nischenparfums. Sie werden als Avantgarde-Kreationen formuliert, die sowohl Aufmerksamkeit erregen als auch einen Markt abseits vom Mainstream bedienen sollen. Der zweite Trend ist die wachsende Nachfrage nach aromatischeren Düften, die komplexer sind als die Massenware. Diese beiden Faktoren sowie die medizinische Nutzung von CBD scheinen solide Anzeichen dafür zu sein, dass Cannabis in der Kosmetikindustrie in Zukunft eine noch bedeutendere Rolle spielen wird als bisher.

Cannabis ist für seine psychoaktive Wirkung und als Freizeitdroge bekannt. Der Gebrauch ist in vielen Ländern gesetzlich geregelt. Aus einigen der Bestandteile, die in Cannabis enthalten sind, werden Medikamente zur Behandlung von Multipler Sklerose und einigen Arten von Krampfanfällen entwickelt. Das Molekül Delta-9-tetrahydrocannabinol diente auch als Vorbild für einen synthetischen Arzneistoff, der gegen Übelkeit und Erbrechen als Nebenwirkungen der Chemotherapie eingesetzt wird. Hanf wird auch schon lange als Nutzpflanze angebaut: Aus den Pflanzenfasern werden Stoffe und Seile hergestellt und das Öl aus den Samen dient als Zusatz in Kosmetik, Lebensmitteln und Holzlacken.

ESSENZIELLE PARFUMS

Jack
von Richard E. Grant

DesirToxic
von Parfums M. Micallef

Black Afgano
von Nasomatto

CYPRIOL

Cyperus-Arten – Cyperaceae

Cypriol (auch „Nagarmotha" genannt) ist eine intensive Holznote, deren flüchtige Bestandteile an Vetiver erinnern.

Aufgrund seines erdigen, langanhaltenden Geruchs dient Cypriol häufig als natürlicher Ersatz für Patschuli oder Oud (das seltene, kostbare Adlerholz). Es hat ein komplexes, holziges, leicht pfeffriges Duftprofil mit erdigen, ledrigen Untertönen.

Cypriol wird kaum einmal als Hauptzutat hervorgehoben. Es taucht oft unter den Basisnoten auf und passt gut zu Blumen wie Rose oder Jasmin, aber auch zu Bergamotte und Holznoten. In größeren Anteilen eingesetzt, bringt es trockene, etwas würzige Kopfnoten, die anspruchsvoll sein können. Trotzdem zeigt es beim Drydown ein harmonisches Ergebnis.

Das erste kommerzielle Parfum, das Cypriol enthielt, soll Tom Ford for Men gewesen sein – behauptet jedenfalls der Hersteller selbst. Das ist jedoch umstritten und manche glauben, es sei L'Eau d'Issey Pour Homme von Issey Miyake, das rund 12 Jahre zuvor auf den Markt kam und mit „Cypriol" (allerdings unbekannten Ursprungs) als Basisnote warb.

Cypriol ist das ätherische Öl, das aus den Wurzeln mancher Zypergräser gewonnen wird, vor allem aus *Cyperus articulatus* und *C. scariosus*. (Die genauen Arten, die von den Herstellern verwendet werden, sind aufgrund unklarer Taxonomie oft nicht eindeutig bestimmbar.) Die grasartigen Pflanzen sind nahe Verwandte des Papyrus, aus dessen Fasern die Schriftrollen der alten Ägypter hergestellt wurden. Das Öl hat einen hohen Gehalt an Sesquiterpenoiden. *C. articulatus* kommt in allen tropischen Regionen vor, also in großen Teilen Südamerikas, Afrikas, Südasiens und Nordaustraliens. Manche Kulturen schreiben ihm eine medizinische Wirkung zu, die jedoch noch kaum wissenschaftlich untersucht wurde.

ESSENZIELLE PARFUMS

Harrods Aoud
von Roja Parfums

Symmetry
von Sarah Baker

Tom Ford for Men
von Tom Ford

THYMIAN

Thymus vulgaris – Lamiaceae

Auf der Welt gibt es über 200 Thymianarten, von denen nur wenige als Gewürz oder Duftstoff verwendet werden.

In der Parfumherstellung gehören *Thymus vulgaris* (Echter Thymian) und *Thymus zygis* (Joch-Thymian oder Spanischer Thymian) zu den am häufigsten genutzten Arten.

Das Duftöl wird durch Wasserdampfdestillation gewonnen, meist aus den getrockneten Pflanzenteilen. Für Parfumeure ist der Gehalt an Thymol im Öl ein Indikator für ein hochwertiges Produkt. Dieser Stoff ist auch für den typischen Thymiangeruch verantwortlich. Mit seinen krautigen, holzigen, würzigen, bitteren und leicht medizinischen Noten ist er ein Trumpf in der Parfumorgel, da er gleichzeitig aromatisch und holzig ist.

Kein Wunder, dass der frische, holzige Thymian häufig in Fougère- und Chypre-Parfums anzutreffen ist, wo er gut mit anderen aromatischen Kräutern wie Rosmarin oder Lavendel harmoniert, aber auch mit Ingredienzen wie Patschuli. Er bereichert beide Duftfamilien mit seiner Trockenheit und ergänzt ein Fougère-Parfum um aromatische Frische. Manchmal verleiht er auch einen Hauch von Leder.

Der Thymian ist ein Halbstrauch, der im Sommer weiße bis blassviolette Blüten trägt. Er stammt ursprünglich aus Südwesteuropa und wird seit dem Mittelalter als Gewürzpflanze angebaut. Im alten Ägypten wurde das Kraut auch zur Einbalsamierung der Toten verwendet. Seine antiseptische Wirkung ist schon lange bekannt, was erklären könnte, warum er als Hausmittel bei Husten und Erkältungen empfohlen wird. Thymianöl und einer seiner Bestandteile, Thymol, sind häufig in Mundspüllösungen und Zahncremes enthalten. Laborstudien ergaben, dass Thymianextrakte und -öl antibakterielle, antimykotische und entzündungshemmende Eigenschaften besitzen.

ESSENZIELLE PARFUMS

Invasion Barbare
von MDCI

Cowboy Grass
von D.S. & Durga

Oyédo
von Diptyque

HARZE

OPOPONAX

Commiphora-Arten – Burseraceae

Opoponax, auch „süße Myrrhe“ genannt, ist ein Gummiharz, das aus einer verwandten Pflanze der Myrrhensträucher gewonnen wird. Sein Duft ist ähnlich ambriert und komplex, aber mit einem viel weicheren, balsamischeren Ausklang.

Das Harz bildet sich in den natürlichen Zwischenräumen zwischen Rinde und Holz. Die tränenförmigen Tropfen werden vorwiegend durch das Anritzen der Borke gewonnen. Schon in der Antike wurden die goldbraunen Klümpchen als Räucherwerk verwendet und angeblich schätzte König Salomo sie mehr als jedes andere Material.

Das ätherische Öl wird mittels Wasserdampfdestillation hergestellt. Diese erfordert ein sorgfältiges Auswahlverfahren und die Fehlerrate ist sehr hoch. Zusätzlich ist Opoponax eine „schwierige“ Parfumzutat, die zwar mit vielen verschiedenen Noten harmoniert – von zitrisch bis blumig –, aber am besten nur sparsam eingesetzt wird, da sie sonst alle anderen Ingredienzen dominiert.

In der Parfumherstellung kommt Opoponax je nach Komposition als Herz- oder Basisnote zum Einsatz. Sein „essbares“ Gourmand-Duftprofil ist die perfekte Ergänzung für Ambrée-Düfte und ist der Hauptakteur in vielen Klassikern, darunter Shalimar von Guerlain, Poison von Dior und Opium von Yves Saint Laurent.

Trotz des Namens gehört Opoponax nicht in die Gattung *Opopanax* (aus der Familie der Doldenblütler), sondern ist das Harz der Bisabolbäume, die eng mit den Myrrhebäumen (*Commiphora myrrha*) verwandt sind. Nicht immer ist klar, um welche Art es sich handelt, aber die beiden Arten *C. guidottii* und *C. kataf* werden am Horn von Afrika für die Harzgewinnung kultiviert und das Harz als Opoponax verkauft. Durch Dampfdestillation kann aus dem Harz ein ätherisches Öl extrahiert werden. Bisabolbäume sind extrem dürreresistent und wachsen auch im trockenen Klima Somalias. Der Name „Opoponax“ stammt aus dem Griechischen und bedeutet soviel wie „alles heilender Saft“.

ESSENZIELLE PARFUMS

Shalimar
von Guerlain

Istanbul
von Gallivant

Poison
von Dior

BENZOE

Styrax-Arten – Styracaceae

Benzoe ist das Gummiharz aus der Rinde verschiedener Storaxbäume. Um es zu gewinnen, wird die Rinde eingeschnitten, oft von weit oben am Baum. Manchmal wird das Harz als „Benzoetränen" bezeichnet, obwohl die Tropfen schnell fest und bröckelig werden, sobald sie der Luft ausgesetzt sind. Dann sehen sie aus wie rotbraune Steinsplitter.

Benzoe ist eine bestimmte Art von Harz – es gehört zu den Balsamharzen. Diese unterscheiden sich von anderen Harzen, etwa von Oud oder Labdanum, durch ihren hohen Gehalt an Zimt- und Benzoesäure. Ihr Geruch ist bedeutend weicher als der anderer Harze, darum wird das Wort „balsamisch" oft als allgemeine Beschreibung für weiche Düfte verwendet.

Eine der meistverwendeten Arten in der Parfumherstellung ist „Benzoe Siam", das nach seiner thailändischen Herkunft benannt wurde. Nach der Extraktion wird das Harz in verschiedene Qualitätsgrade unterteilt, wobei die höchste Qualität am aromatischsten ist und sich am besten in Alkohol lösen lässt.

Das Harz besitzt ein reichhaltiges, charaktervolles Duftprofil, das süß und warm ist. Es erinnert oft an Vanille, aber mit dezent bitteren Untertönen, und ist sowohl ein verlässlicher Fixateur als auch eine tragende Note in vielen Ambrée- und Gourmand-Parfums.

Benzoe wird für ihren Duft und ihre pharmakologische Wirkung geschätzt. Kommerziell sind vor allem zwei Arten von Storaxbaum relevant: *S. benzoin* und *S. tonkinensis*. Auch in der modernen Medizin findet sie noch Verwendung, als Tinktur (eine Alkohollösung des Harzes) auf Wundverbänden und als Bestandteil abschwellender Nasensprays. Die Benzoesäure, die nach dem Harz benannt ist, findet sich auch als aktiver Wirkstoff in vielen medizinischen Formulierungen. Verwechslungsgefahr: Der Gattungsname *Styrax* bezeichnet auch ein anderes Harz (siehe Styrax, S. 149), das aber aus einer ganz anderen Pflanze stammt.

ESSENZIELLE PARFUMS

Taklamakan
von Stéphane Humbert Lucas

Une Nuit Magnétique
von The Different Company

Falcon Leather
von Matière Première

GALBANUM

Ferula gummosa – Apiaceae

Galbanum ist ein Oleogummiresin, das aus den Wurzeln verschiedener Pflanzen der Gattung *Ferula* gewonnen wird. Sie wachsen in mehreren Ländern wild und ihr Harz ist im Handel als „harte" oder „weiche" Variante erhältlich.

Nur die weiche Sorte ist für die Parfumbranche von Interesse. Obwohl Galbanum als Gummiharz bezeichnet wird, erinnert seine klebrige Konsistenz an Honig und sein grünes, erdiges Duftprofil hat holzige Untertöne. Wird es mit Dampf oder Wasser destilliert, entsteht ein ätherisches Öl, das die perfekte Zutat für einen Waldduft ist.

Das Resinoid (Harzextrakt) des Galbanums wird auch für seine fixierende Eigenschaft geschätzt und als effizientere „grüne" Note, die schneller mild wird als viele vergleichbare Riechstoffe.

Als Parfumzutat steht Galbanum selten im Mittelpunkt, wurde jedoch in einem der beliebtesten Chanel-Düfte zum Problem: N°19 – benannt nach dem Geburtstag der Markengründerin Coco Chanel – warb mit einem speziellen iranischen Galbanum. Nach dem Ausbruch der Iranischen Revolution gegen Ende der 1970er-Jahre war das Öl aber nicht mehr erhältlich und das weit verbreitete N°19 musste neu formuliert werden.

Einen weiteren großen Auftritt hatte Galbanum im Jahr 2010 – als Hauptzutat im hochgelobten Debütparfum (untitled) des Modelabels Maison Margiela.

Ferula (Steckenkräuter) ist eine Gattung aus über 220 Arten aus der Familie der Doldenblütler, zu der auch die Petersilie gehört. Der Gattungsname leitet sich vom lateinischen Wort für „Rute" ab, da die langen, hohlen Stiele dieser Pflanzen früher als Rohrstock zur körperlichen Züchtigung verwendet wurden. Ebenfalls zur Gattung gehört der Asant (*F. foetida*), aus dem das stinkende Harz Asafoetida gewonnen wird (das auch ein Gewürz ist). Galbanum wurde früher als Heilmittel verwendet, heute jedoch nur noch als Duft- und Aromastoff. Das ätherische Öl, das aus dem Harz destilliert wird, ist reich an Pinen und anderen Monoterpenoiden.

ESSENZIELLE PARFUMS

(untitled)
von Maison Margiela

No. 3 Swim
von Gabar

Panorama
von Olfactive Studio

MYRRHE

Commiphora myrrha – Burseraceae

Myrrhe ist einer der ältesten bekannten Rohstoffe, die zur Parfumherstellung verwendet wurden. Sie wird als Milchsaft aus der Rinde von Pflanzen abgesondert und besteht aus ätherischen Ölen, Gummi und Harz.

Die kleinen „Tränen", die entweder auf natürliche Weise oder durch Einschneiden der Rinde austreten, werden von verschiedenen Bäumen der Gattung *Commiphora* gesammelt. Anschließend werden sie gereinigt und weiterverarbeitet. Myrrhe hat einen weichen, süßen, harzigen Duft mit einer sanften rauchigen Note und erinnert an Weihrauch und Benzoe.

In der Populärkultur erlangte die Myrrhe 1977 besondere Bekanntheit: als Zutat von Yves Saint Laurents Opium. Das nach einer Droge benannte Parfum löste eine Welle der Entrüstung aus und wurde in mehreren Ländern verboten. Die Kritiker wollten seine Beliebtheit eindämmen, aber der Aufruhr bei seiner Markteinführung bewirkte das Gegenteil: Die Verkäufe von Opium brachten in den ersten neuen Monaten über drei Millionen Dollar ein und in vielen Läden war es innerhalb von Stunden ausverkauft.

Myrrhe wird vor allem mit opulenten und Ambrée-Parfums assoziiert. Sie ist in der Regel eine Basisnote, deren reichhaltige Komplexität einen Duft erdet und ihn oft außergewöhnlich langlebig macht.

In der Bibel war Myrrhe eines der Geschenke, die Jesus von den drei Weisen aus dem Morgenland erhielt. Sie wird seit langer Zeit für religiöse, kulturelle und medizinische Zwecke verwendet. Auch heute noch ist sie ein beliebtes Räucherwerk. Die Heimat der Myrrhenbäume sind das Horn von Afrika und der Süden der Arabischen Halbinsel. Zwar tolerieren sie starke Hitze und Trockenheit, aber ihre Zukunft ist ungewiss: Ihr Erhaltungszustand muss noch vollständig bewertet werden, aber der Bestand vieler Arten aus ihrer Gattung geht aufgrund von Übererntung, Überweidung und Wüstenbildung bereits zurück.

ESSENZIELLE PARFUMS

Opium
von Yves Saint Laurent

Ambre Mythique
von Maître Parfumeur et Gantier

Gold Woman
von Amouage

STYRAX

Liquidambar-Arten – Altingiaceae

Dieses Balsamharz, das auch als „Storax" bekannt ist, wird aus den Bäumen der Gattung *Liquidambar* gewonnen. Die zwei gängigsten Styraxsorten werden oft unterschiedlich extrahiert.

Eine stammt aus dem Orientalischen Amberbaum (*L. orientalis*, an der Westküste Anatoliens und auf benachbarten Inseln wie Rhodos beheimatet) und wird durch künstliche Harzung gewonnen, wobei die Rinde verletzt wird, sodass das duftende, klebrige Material austritt und gesammelt werden kann. Die andere entstammt dem natürlichen Harzfluss des Amerikanischen Amberbaums (*L. styraciflua*, im Osten der USA und im Süden bis nach Mittelamerika, vor allem Honduras, Guatemala und Mexiko).

Styrax wird oft mit Benzoe (siehe S. 145) verwechselt. Letztere wird aus den Arten *Styrax tonkinensis* oder *Styrax benzoin* geerntet. Während Benzoe oft mit reichhaltigen, luxuriösen Düften assoziiert wird, besitzt die Komplexität von Styrax auch einen Kontrast aus blumigen Kopfnoten, die gut zu floralen Kreationen passt, besonders zu Flieder, Hyazinthe und Gartennelke.

Styrax ist ein wichtiger Duftbaustein für Kompositionen und Akkorde, riecht aber so speziell, dass er nur selten im Mittelpunkt einer Kreation steht. Dennoch schenken ihm einige Parfums die Aufmerksamkeit, die er verdient – etwa Styrax von Headspace und Replica Jazz Club von Maison Margiela.

Die Gattung *Liquidambar* ist heute die einzige in der Familie *Altingiaceae*; früher wurde sie zu den Zaubernussgewächsen (*Hamamelidaceae*) gezählt, aber der genetische Vergleich mit verwandten Arten ergab, dass sie sich doch nicht so ähnlich waren, wie zuvor angenommen wurde. Die chemische Verbindung Styrol, die erstmals im Styraxharz nachgewiesen wurde, ist die Ausgangsbasis für den Kunststoff Polystyrol (ein Bestandteil von Styropor).

ESSENZIELLE PARFUMS

Styrax
von Headspace

Gdańsk
von Gallivant

Replica Jazz Club
von Maison Margiela

WEIHRAUCH

Boswellia-Arten – Burseraceae

Olibanum wird aus Bäumen der Gattung *Boswellia* gewonnen und ist im Nahen Osten und in Nordafrika seit 5000 Jahren eine begehrte Handelsware – und mindestens genauso lange ein Bestandteil von Ritualen und Zeremonien.

Das Oleogummiresin, das aus ätherischen Ölen, Gummi und Harz besteht, ist vor allem als Weihrauch bekannt. Es bildet sich in der Rinde der acht- bis neunjährigen Bäume. Die Qualitätsbestimmung der feinsten „Tränen" oder Harzklümpchen ist ein anspruchsvoller Job, da das Aussehen der Tropfen nicht notwendigerweise auf ihre Güte schließen lässt.

Der weiche, harzige Duft mit frischen, fruchtigen Kopfnoten macht Weihrauch zu einem vielseitigen Riechstoff. Das Absolue, das durch Alkoholextraktion gewonnen wird, ist für einen großen Teil des typischen Weihrauchdufts verantwortlich, während das ätherische Öl durch Dampfdestillation extrahiert wird und einen leichteren Charakter mit ausgeprägteren Kopfnoten aufweist.

So oder so gilt Weihrauch als Basisnote und Fixateur, was bedeutet, dass er den anderen Duftzutaten eines Parfums eine längere Haltbarkeit verleihen kann.

Häufig kommt er als erdende Basisnote in frischen (vor allem zitrischen) Düften zum Einsatz, da er die überschäumende Energie dieser Stoffe regulieren kann, ohne sie zu dominieren.

Auch der Weihrauch war in der Bibel ein Geschenk der drei Weisen. Er wird zum Räuchern in Kirchen verwendet, in manchen Teilen der Welt auch als altes Hausmittel. Mehrere *Boswellia*-Arten werden kommerziell beerntet, darunter *B. sacra*, *B. frereana* und *B. papyrifera*. Der Großteil der Produktion geschieht am Horn von Afrika und im Süden der Arabischen Halbinsel (Jemen und Oman). Um das Harz zu sammeln, werden die Bäume angeschnitten und die austretenden Tropfen des gelblichen Safts aufgefangen. Die Bäume sollten nicht zu oft angezapft werden, da viele *Boswellia*-Arten durch Überernte bedroht sind.

ESSENZIELLE PARFUMS

Bergamot Incense
von Experimental Perfume Club

Cedar in Acacia
von Scents of Wood

Vanagloria
von Laboratorio Olfattivo

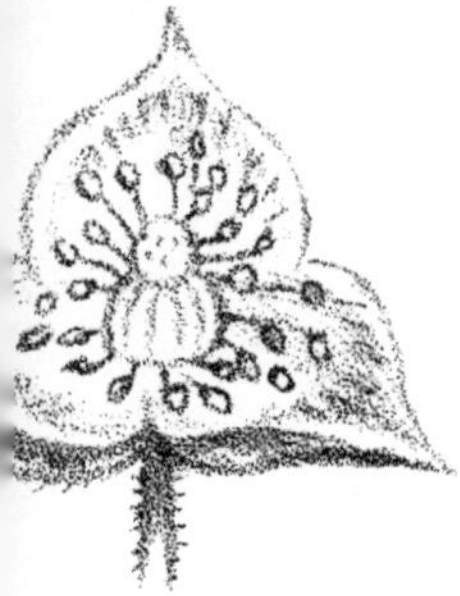

LABDANUM

Cistus ladanifer – Cistaceae

Viele moderne Parfums haben so einiges den Bergziegen zu verdanken. Ja, Sie haben richtig gelesen: Ziegen.

Eines der feinsten Harze der Parfumbranche ist Labdanum, ein klebriges, fast festes Gummiharz, das aus der im Mittelmeerraum wild wachsenden Lack-Zistrose (*Cistus ladanifer*) gewonnen wird. Die älteste Methode, Labdanum zu sammeln, war das Auskämmen der Bärte von Bergziegen, da beim Grasen an den Pflanzen das Harz darin hängenblieb.

Der kleine Strauch wird oft mit seinen hübschen weißen Blüten abgebildet. Diese duften zwar, werden aber nicht zur Parfumherstellung verwendet. Das Labdanumharz ist jedoch überaus beliebt und bildet mit seinem komplexen Duftprofil in vielen Parfums eine markante Basisnote. Es ist süß, mit leicht animalischem Unterton, und ein fantastischer Fixateur.

Je älter das Harz, desto härter ist es, und schließlich wird es brüchig. Bevor es zur Parfumherstellung extrahiert wird, muss es geschmolzen und gereinigt werden, um Erde, Sand und andere unerwünschte Stoffe aus ihm zu entfernen. Anschließend kann es zu vielen verschiedenen Produkten weiterverarbeitet werden und die Ergebnisse reichen vom opulenten Absolue bis zum leichteren, ätherischen Zistrosenöl, das auch „Cistus" genannt wird und per Dampfdestillation erzeugt wird.

Die Lack-Zistrose (*Cistus ladanifer*) zählt zur Familie der Zistrosengewächse (*Cistaceae*) und kommt vorwiegend auf der Iberischen Halbinsel vor. Auch andere *Cistus*-Arten werden kommerziell beerntet. Die Lack-Zistrose ist ein immergrüner Strauch, der bis zu 2,5 Meter hoch wird. Seine klebrigen Blätter werden zusammen mit den Zweigen gesammelt, um daraus durch Auskochen das Labdanumharz herauszulösen. Es enthält viele verschiedene chemische Verbindungen, die für die Parfumherstellung relevant sind, hauptsächlich Monoterpenoide.

ESSENZIELLE PARFUMS

Labdanum
von Scent Trunk

Crazy Hours 6
von Franck Muller

Byzantine Amber
von Francesca Bianchi

GEWÜRZE

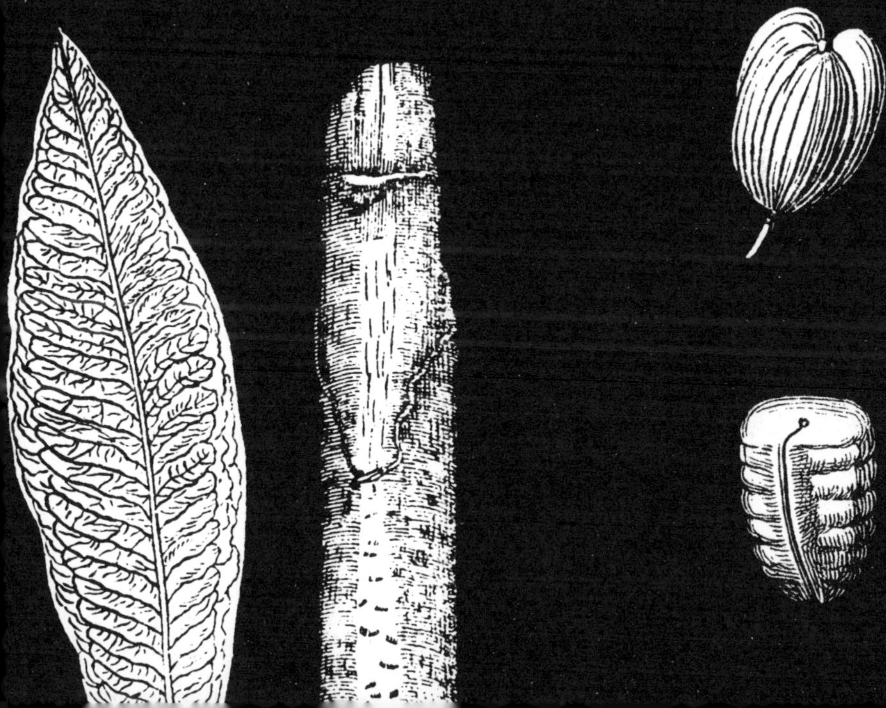

AMBRETTE

Abelmoschus moschatus – Malvaceae

Hinter der bunten Kreativität der Parfumbranche verbirgt sich auch eine dunkle Seite. Viele der beliebtesten Duftstoffe von früher wurden grausam aus Tieren gewonnen.

Einer dieser Stoffe, der fast allgegenwärtig war, ist Moschus, der aus einer Drüse aus dem Bauch der männlichen Moschustiere gewonnen wurde. Nach unzähligen Tötungen auf der Suche nach dem begehrten Sekret war die Spezies fast ausgestorben.

Heute sind die Moschustiere eine geschützte Art und die Verwendung von echtem Moschus ist verpönt. Die immense Beliebtheit des Dufts ließ die Parfumindustrie jedoch verzweifelt nach einer Alternative ringen – ein Wunsch, der bis heute nahezu unerfüllbar erscheint.

Es gibt viele künstliche Nachbildungen von Moschus, von denen die ähnlichste (wenn auch aufgrund ihres horrenden Preises nicht die gängigste) aus den Samen des Bisamstrauchs hergestellt und auch „pflanzlicher Moschus" genannt wird.

Die sogenannten Ambrettesamen befinden sich in den Früchten der Pflanze *Abelmoschus moschatus* und können zu verschiedenen Materialien für die Parfumherstellung verarbeitet werden. Sie verleihen einem Duft eine süße, moschusartige Note.

Ambrette ist weicher und sanfter als der tierische Moschus und harmoniert besonders gut mit blumigen Noten, In vielen berühmten Parfums, etwa Égoïste von Chanel, überzeugt er als Fixateur.

Diese Pflanze aus der Familie der Malvengewächse (*Malvaceae*) ist eine nahe Verwandte der Okra (*A. esculentus*). Die Kapselfrüchte beider Arten sind essbar. Der botanische Name des Bisamstrauchs, der auch Moschuseibisch genannt wird, verrät bereits, wofür er hauptsächlich Verwendung findet – der Gattungsname *Abelmoschus* stammt aus dem Arabischen und bedeutet „Vater des Moschus", während sich der Artname auf das lateinische Wort für Moschus bezieht.

ESSENZIELLE PARFUMS

Misfit
von Arquiste

Musk Aoud
von Roja Parfums

Autumn Rhythm
von Chris Collins

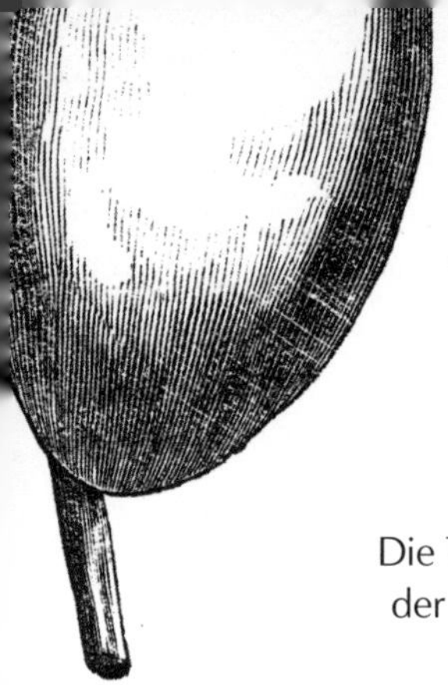

TONKABOHNE

Dipteryx odorata – Fabaceae

Die Tonkabohne ist reich an Cumarin, einem Aromastoff, der in der Parfumindustrie eine bedeutende Rolle spielt.

Es heißt, dass jedes zweite Parfum über 1 Prozent Cumarin enthält. Sein Geruch wird oft als grasig oder strohig beschrieben, aber in größeren Mengenanteilen wird er süßer. Häufig wird es eingesetzt, um einem Parfum eine Vanille- oder Mandelnote zu verleihen.

Aufgrund des hohen Cumaringehalts war die Tonkabohne in der Geschichte der synthetischen Düfte schon immer ein wichtiger Rohstoff. Im Jahr 1820 isolierte August Vogel das Cumarin aus den Samen der Pflanze, allerdings versehentlich. Im selben Jahr erfuhr der französische Apotheker Guibourt von Vogels Fehler und nannte die neue Substanz „Cumarin", nach dem französischen Wort für den Tonkabohnenbaum. Heute wird meist ein synthetisches Cumarin verwendet.

Tonkabohne ist auch heute noch ein beliebter Riechstoff, besonders in opulenten Ambrée-Parfums, aber auch in blumigen und Gourmand-Kreationen.

Ihr Duft wird oft mit Vanille verglichen, aber ihr grasiges Heuaroma verleiht ihr in Kombination mit ihrer milchigen Süße eine sanfte Bitternote, die sie nicht nur von Vanille unterscheidet, sondern auch unter Parfumschaffenden als wertvolle Zutat positioniert.

Der Tonkabohnenbaum gehört zu den langlebigsten Bäumen im Amazonas-Regenwald und liefert wertvolle Rohstoffe: sein Hartholz (Cumaru) und die getrockneten Samen (Tonkabohnen) mit ihrem charakteristischen Aroma. Tonkabohnenextrakte wurden früher als Vanilleersatz verwendet, aber aufgrund ihrer Giftigkeit sind sie in den USA mittlerweile als Zusatz in Lebensmitteln verboten und in der EU nur eingeschränkt zugelassen. Bei langfristiger Einnahme kann Cumarin die Leber schädigen. Der Gerinnungshemmer Warfarin wurde auf der Basis natürlicher Cumarinderivate entwickelt.

ESSENZIELLE PARFUMS

Sylvan Song
von Grossmith

Une Vanille
von Obvious Parfums

Tonka 25
von Le Labo

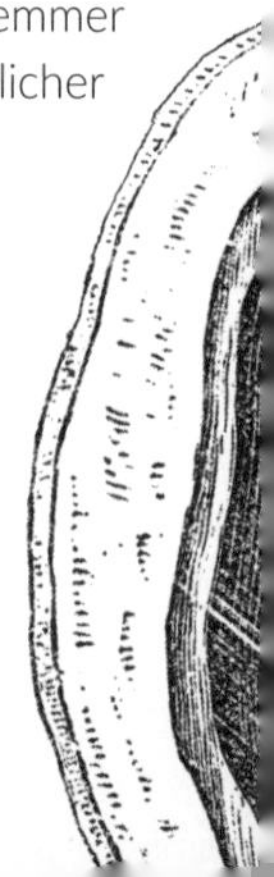

ZIMT

Cinnamomum verum – Lauraceae

Trocken, staubig, süß, würzig – der echte Zimt wird aus der inneren Rinde der Bäume der Gattung *Cinnamomum* gewonnen und verströmt einen intensiven Duft, der mit opulenten, ambrierten Parfums assoziiert wird.

Sobald die Rinde vom Baum entfernt wurde, wird sie abgeschabt und getrocknet. Während dieser Zeit rollt sie sich zur bekannten Stangenform zusammen. Anschließend wird sie mittels Wasserdampf destilliert. Die Qualität des dabei entstehenden Öls wird stark vom Zustand und vom Alter der Bäume sowie von der Beschaffenheit des Bodens beeinflusst. Bei der Herstellung des ätherischen Öls ist Expertise im Destillieren gefragt, damit sich der Ertrag auch lohnt. Zimtbäume werden in vielen Ländern angebaut, aber die beste Qualität sollen jene aus Sri Lanka liefern. Auch aus den Blättern kann ein Öl extrahiert werden, allerdings ist sein Duft strenger und weniger komplex als der des Rindenöls.

In vielen Ländern ist die Verwendung von Zimt auf geringe Mengen beschränkt, da einige seiner Inhaltsstoffe als Allergene gelten. Den meisten ist Zimt vermutlich als Gewürz bekannt. Als Duftbaustein verleiht er einem Parfum Tiefe und harmoniert gut mit opulenteren Zutaten wie Vanille oder Tonkabohne.

Der echte Zimt, vor allem der gemahlene, gehört zu den Gewürzen, die häufiger verfälscht werden. Oft werden an seiner Stelle andere, billigere *Cinnamomum*-Arten verkauft. In den USA und Europa ist der Großteil des angebotenen Zimts eigentlich die Sorte Cassia, die aus der Rinde mehrerer eng verwandter Arten gewonnen wird. Cassia ist preiswerter, aber auch weniger fein im Geschmack als Ceylon-Zimt. Für das typische Zimtaroma ist hauptsächlich die chemische Verbindung Zimtaldehyd verantwortlich.

ESSENZIELLE PARFUMS

Delice
von Parfums M. Micallef

Tiger by her Side
von Sana Jardin

Xandria
von Ormonde Jayne

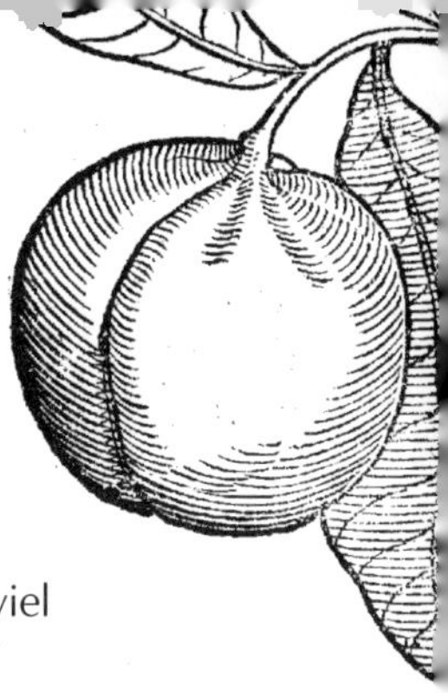

MUSKAT

Myristica fragrans – Myristicaceae

Der immergrüne Tropenbaum *Myristica fragrans* hat so viel zu bieten, dass er nicht nur eines, sondern gleich zwei Gewürze für die Verwendung als Duft- und Aromastoff liefert.

Eines davon ist die Muskatnuss, die bekannter ist und häufiger verwendet wird, da sie auch preiswerter ist. Bestimmt haben Sie aber auch schon von der Muskatblüte (Macis) gehört.

Die Muskatblüte verleiht einem Parfum einen würzigen, aber dennoch frischen Duft. Er ist weicher und zarter als das Aroma der Muskatnuss, das wärmer, holziger und süßer ist und einen bitteren Unterton hat. Beide werden, wie viele Gewürze, meist in den Herz- oder Kopfnoten eines Parfums eingesetzt. Früher tauchten sie in eher maskulinen, holzigen oder Fougère-Düften auf, mittlerweile finden sich Muskatnuss und Macis auch in einigen femininen Parfums sowie in zeitgenössischen Unisex-Kreationen.

Muskat war schon in der Antike als Duftstoff bekannt. Die alten Römer verwendeten ihn etwa als Badezusatz.

Die Muskatnuss ist der Samen des Baums *M. fragrans* und die Muskatblüte der getrocknete rote Samenmantel (Arillus). Beide schmecken und riechen ähnlich und werden als Küchengewürz verwendet. Der Ursprung der Muskatnuss und der Muskatblüte war europäischen Händlern jahrhundertelang unbekannt, da der Muskatnussbaum nur auf den Banda-Inseln wuchs – einer kleinen Inselgruppe der Molukken. Erst als im 19. Jahrhundert Muskatplantagen in anderen Ländern entstanden, verloren die Inseln ihr Monopol (und die Preise wurden gesenkt).

ESSENZIELLE PARFUMS

Oud for Greatness von Initio

Comme des Garçons 3 von Comme des Garçons

Golden Chypre von Grossmith

SAFRAN

Crocus sativus – Iridaceae

Auf den ersten Blick könnte man meinen, dass die prächtigen violetten Blüten der kostbarste Teil der Pflanze *Crocus sativus* sind. Dabei verbirgt sich erst in ihrem Inneren das teuerste Gewürz der Welt: Safran.

Safran wird auch das „rote Gold" genannt, weil er unglaublich teuer ist. Das Gewürz wird aus dem weiblichen Teil der Blüte gewonnen. Für nur 1 Gramm getrockneten Safran werden rund 570 Narben (die langen Fäden in der Mitte), also 190 Blüten, benötigt.

Viele glauben, dass das Ergebnis die Mühe wert ist. Bereits in der Antike war Safran heißbegehrt: Die ägyptische Königin Kleopatra gab angeblich Safran in ihre Bademilch und Alexander der Große soll damit Kriegswunden behandelt haben.

Heute stammen über 90 Prozent des Safrans aus dem Iran, aber die Krokusart wird auf der ganzen Welt angebaut. Nach ihr wurde sogar die englische Kleinstadt Saffron Walden benannt, wo die Blume als Wohlstand bringendes Handelsgut berühmt ist. Die Safrankrokusse gedeihen dort auch außerordentlich gut.

Trotz der fröhlichen Farbe ist der Duft des Safrans überraschend dunkel und hat ein ledriges, erdiges Profil, das besonders gut zu Harzen, Hölzern und Vanille passt.

Als Safran werden die getrockneten Narbenschenkel des Safrankrokus bezeichnet. Die Pflanze, die zur Familie der Schwertliliengewächse (*Iridaceae*) gehört, wurde erstmals in Griechenland kultiviert. Die Safranfäden erhalten ihre orangerote Farbe vom Pigment Crocin und werden in der spanischen und persischen Küche verwendet, um einer Speise Farbe und Aroma zu verleihen. Safran ist ein hochpreisiges Luxusgut – ein Gramm der Fäden kostet mehr als ein Gramm Gold, da die empfindlichen Narben, bevor sie getrocknet werden, einzeln von Hand gepflückt werden müssen.

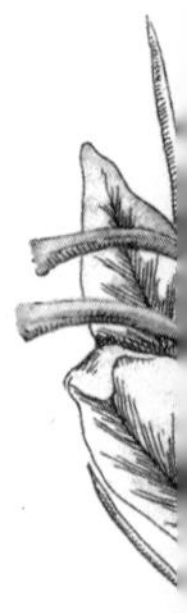

ESSENZIELLE PARFUMS

Black Saffron
von Byredo

Saffron Rose
von Grossmith

Amber Aoud
von Roja Parfums

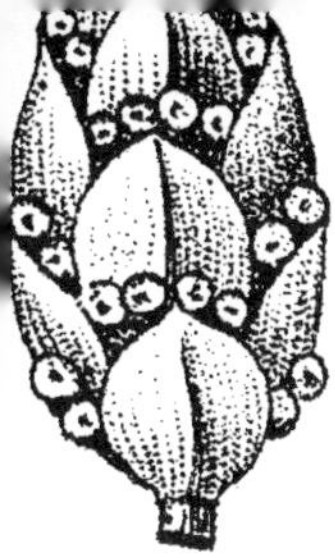

WACHOLDER

Juniperus communis – Cupressaceae

Diese beliebte Zutat wird zwar oft als Wacholderbeere bezeichnet, ist in Wirklichkeit aber keine Beere, sondern ein Zapfen, der täuschend nach Fruchtfleisch aussieht.

In Parfums wird Wacholder oft für seine kühlende Wirkung eingesetzt. Das hochwertigste ätherische Öl kommt aus den Beeren, die getrocknet, zerdrückt und dampfdestilliert werden. Sein Duft erinnert an Kiefern und ist gleichzeitig warm und balsamisch, aber auch auffällig frisch. Wacholder harmoniert gut mit koniferigen und zitrischen Noten und wird häufig verwendet, um die Facetten anderer Riechstoffe eines Parfums abzumildern oder zu verstärken.

Eine perfekte Zusammenfassung des Wacholderdufts bietet der Gin, für dessen Herstellung Wacholder ein wesentlicher Bestandteil ist. Viele Parfumhäuser haben sich von dieser berühmten Spirituose inspirieren lassen, unter anderem Penhaligon's für Juniper Sling – eine Hommage an die „Roaring Twenties", die den Geruch eines spritzigen Gin-Cocktails als Duftkreation darstellen möchte.

Wacholder besitzt nicht die lange Haltbarkeit eines Kieferndufts, gleicht das jedoch durch seine lebendige Frische aus. Oft glänzt er als Kopf- oder Herznote oder trägt als Hilfsstoff dazu bei, einen Waldduft entstehen zu lassen.

Wacholderbäume sind Nadelgehölze aus der Familie der Zypressengewächse (*Cupressaceae*). Sie wachsen langsam und können sehr alt werden. In den kühleren Regionen der Nordhalbkugel kommen sie fast überall vor. Die Beeren sind klein, violett und haben einen deutlich bitteren Geschmack, für den hauptsächlich die Monoterpenoide im ätherischen Öl der Frucht verantwortlich sind. Obwohl sie „Beeren" genannt werden, haben sie botanisch gesehen mehr mit den Kiefernzapfen gemeinsam als mit echten Beeren. Der Name „Gin" leitet sich vom niederländischen Wort für „Wacholder" ab.

ESSENZIELLE PARFUMS

Juniper Sling
von Penhaligon's

Viride
von Orto Parisi

Gypsy Water
von Byredo

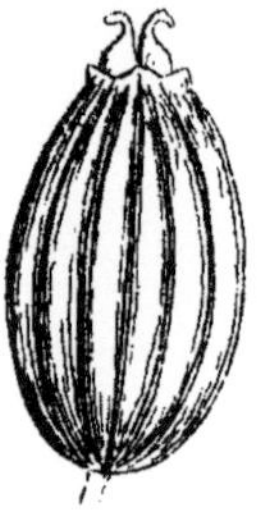

FENCHEL

Foeniculum vulgare – Apiaceae

Gewürze und aromatische Kräuter sind beliebte Duftbausteine in der Welt der Parfums – auch der Küchenliebling Fenchel, von dem die Samen, die nach der Blüte übrig bleiben, als Riechstoff verwendet werden.

Fenchelsamen sind wohl vor allem als Küchengewürz bekannt, aber durch Dampfdestillation kann aus ihnen auch ein ätherisches Öl hergestellt werden. Für die Parfumherstellung werden zwei Arten von Fenchelöl unterschieden: ein süßes und ein bitteres, von denen jedes eine ganz eigene Note besitzt.

Der Duft von Fenchel wird oft mit Lakritz oder Anis verglichen und hat eine gewisse Ähnlichkeit mit Estragon. Er ist häufig in Fougère-Parfums zu finden, wo er das perfekte aromatische Gegenstück zu Noten wie Lavendel oder Patschuli bildet. Mittlerweile wird er aber immer öfter auch in opulenteren Ambrée-Parfums eingesetzt. Generell muss er sparsam dosiert werden, da er sehr intensiv ist.

Der aufkeimende Fenchel-Trend in der Parfumbranche scheint das Resultat seiner wachsenden Beliebtheit im Sektor der Nischenparfums zu sein. Da immer mehr Kunden nach Avantgarde-Düften verlangen, greifen die Parfumschaffenden zu Fenchel, um innovative, unkonventionelle Kreationen zu schaffen.

Der lateinische Gattungsname *Foeniculum* bedeutet so viel wie „kleines Heu", was sich vielleicht auf seinen Geruch bezieht. Fenchel ist eine ausdauernde krautige Pflanze, die aus dem Mittelmeerraum und dem Nahen Osten stammt, aber heute auf der ganzen Welt vorkommt – in manchen Gebieten sogar als invasive Art. Die meisten Teile der Pflanze sind essbar: die Knollen als Gemüse; die Blätter und Samen (die eigentlich Früchte sind) als Gewürz für Speisen und Getränke. Der Geschmack des Fenchels ähnelt Anis.

ESSENZIELLE PARFUMS

Seahorse
von Zoologist

The Sixth
von Vyrao

L'Astre
von Le Galion

ROSA PFEFFER

Schinus molle – Anacardaceae

Als Parfumzutat bedienen Gewürze zwei Kategorien: frisch und scharf. Rosa Pfeffer, manchmal auch als „Baies Rose" bezeichnet, gehört in erstere und hat ein charakteristisches würziges, aber zitrisch-frisches Duftprofil.

Er wird auch „falscher Pfeffer" genannt, da er zu den wenigen pfeffrigen Noten gehört, die aus einer Pflanze außerhalb der Familie der Pfeffergewächse (*Piperaceae*) gewonnen werden. Rosa Pfeffer sind die Früchte des Peruanischen Pfefferbaums, die reif geerntet, dann getrocknet und zu einem ätherischen Öl verarbeitet werden.

Als Duft bekannt ist das Gewürz als ein Hauptbestandteil im Parfum Aventus von Creed, das die typische Frische des Rosa Pfeffers um fruchtige Noten wie Ananas und Schwarze Johannisbeere, aber auch gehaltvollere Inhaltsstoffe wie Ambroxan™ und Zedernholz ergänzt.

Parfums haben die unglaubliche Fähigkeit, den Zeitgeist einzufangen, und mit den mittlerweile so effizienten Herstellungsverfahren erscheinen Trends in der Branche manchmal wie riesige Wellen, die den gesamten Markt innerhalb kurzer Zeit überschwemmen. Auch der Rosa Pfeffer gehörte zu den Lieblingen der letzten Jahre und tauchte in unzähligen Neuerscheinungen auf. Der enorme Erfolg von Aventus könnte zumindest teilweise dafür verantwortlich sein.

Der Peruanische Pfefferbaum hat seine Heimat in Südamerika, wo seine rosa Früchte zur Zubereitung von Saucen und Getränken verwendet werden, etwa für das alkoholische Getränk Chicha oder in gemahlener Form als Ersatz für echten Pfeffer. Die Früchte, Blätter und das Gummiharz gelten als Hausmittel, unter anderem bei Zahnschmerzen, Rheuma und Harnwegsinfekten. Das Holz des Baums wird zum Bauen, für die Herstellung von Möbeln und als Brennholz genutzt; die Rinde zum Gerben von Leder. Laborstudien ergaben, dass Extrakte und das ätherische Öl aus Rosa Pfeffer antioxidative, entzündungshemmende und antimikrobielle Stoffe enthalten.

ESSENZIELLE PARFUMS

Aventus
von Creed

Twilly d'Hermès Eau Poivrée
von Hermès

Marbella
von Carner

KAROTTENSAMEN

Daucus carota – Apiaceae

Dieser Eintrag ist nicht mit dem Gemüse zu verwechseln, denn hier geht es rein um die Samen der Karottenpflanze.

Sie spielen aber selten die Hauptrolle in einem Parfum, sondern werden meist zur Verstärkung oder Ergänzung anderer Stoffe eingesetzt. Karottensamen riechen moschusartig und leicht animalisch. Ihr Duft beginnt mit einer grünen Frische und endet in einem erdigen, würzigen, aber auch pudrigen Drydown. Damit eignet es sich hervorragend zur Unterstützung oder als Ersatz von Komponenten wie Iris, Veilchen oder Mimose (ein großartiges Beispiel dafür ist die Neuauflage von Vermeil von Bienaimé, bei dem Karottensamen als Kopfnoten ein Herz aus Iris und Veilchen hervorheben). Auch in synthetischen Fruchtakkorden profilieren sie sich: zum Beispiel in Verbindung mit den Knospen der Schwarzen Johannisbeere, um die Illusion eines Mangodufts zu erzeugen.

Das ätherische Öl für die Parfumindustrie wird mittels Dampfdestillation aus den getrockneten Samen der Karotte gewonnen. Das meiste Karottensamenöl wird in Frankreich hergestellt. Es wird vor allem als Geschmacksstoff verwendet, aber immer öfter auch als Parfumzutat, dank seiner guten Kombinierbarkeit mit vielen Blumen, Hölzern und Kräutern.

Für das leuchtende Orange der Karotte sorgen die Carotine, die im Körper zu Vitamin A umgewandelt werden. Trotz des hartnäckigen Gerüchts verbessert der Verzehr von Karotten aber nicht die Sehkraft. Auch ein anderer Mythos, nämlich dass Karotten selektiv orange gezüchtet wurden, um das niederländische Königshaus zu ehren, kann nicht wirklich belegt werden. Allerdings stimmt es, dass die orangen Varianten eine neuere Züchtung sind. Karotten sind eng mit Pastinaken verwandt: Beide sind zweijährige Pflanzen und bilden im ersten Jahr eine stärkehaltige Pfahlwurzel, die Nährstoffe für die Blüte im zweiten Jahr speichert.

ESSENZIELLE PARFUMS

Vermeil
von Bienaimé

Indigo Smoke
von Arquiste

Sonic Flower
von Room 1015

KÜMMEL

Carum carvi – Apiaceae

Die reifen Früchte der Pflanze *Carum carvi* werden mithilfe von Wasserdampf destilliert. Kümmel wächst wild auf mehreren Kontinenten und hat ein würziges, minziges Duftprofil, das oft mit Roggenbrot verglichen wird.

Die kleinen braunen Kümmelkapseln werden meist als „Samen" bezeichnet, sind aber eigentlich getrocknete Früchte. Ihre Form ähnelt der des Kreuzkümmels, aber im Geruch (und Geschmack) unterscheiden sie sich deutlich: Kümmel besitzt moschusartigere Noten und ein anderes Gewürzprofil. Manche große Hersteller vermarkten seinen Duft auch mit der Beschreibung „Ähnlichkeit mit Iriswurzel".

Kümmel war archäologischen Funden zufolge schon vor rund 8000 Jahren bekannt. Die alten Ägypter sollen das Gewürz in religiösen Ritualen verwendet haben und im antiken Rom wurde Kümmel nach einer Mahlzeit verzehrt, um den Atem zu „versüßen". Napoleon verwendete angeblich eine Kümmelseife.

In Parfums ist Kümmel selten eine Hauptzutat, bemerkenswert ist jedoch sein Auftritt im Eau de Toilette L'Autre von Diptyque, inspiriert von einem der Gründer der Marke, Desmond Knox-Leet, der Duftpasten aus Blüten, getrockneten Blättern und Harzen zusammenmischte.

Auch der Kümmel ist ein Mitglied der Familie der Doldenblütler (*Apiaceae*) – wie Petersilie und Sellerie – und quer über Europa und Asien verbreitet. Wie viele andere Doldenblütler bildet er große Blütenstände aus vielen kleinen Blüten – die Dolden. Die Samen der Pflanze, wegen denen sie angebaut wird, sind in vielen europäischen Ländern ein beliebtes Brot- und Kuchengewürz. Das ätherische Kümmelöl enthält das Monoterpenoid Carvon, das auch in Dill und Krauseminze enthalten ist und hauptverantwortlich für den Geschmack und Geruch von Kümmel ist. Auch wenn in Speisen meist die Samen verwendet werden, sind auch andere Teile der Pflanze essbar.

ESSENZIELLE PARFUMS

L'Autre
von Diptyque

Astor Cologne
von Geo. F. Trumper

Bukhara
von Gallivant

KARDAMOM

Elettaria cardamomum – Zingiberaceae

Neuesten Forschungen zufolge verwendete die ägyptische Königin Kleopatra wahrscheinlich einen Duft, der unter anderem Olivenöl, Zimt und Kardamom enthielt.

Als Parfumzutat überzeugt Kardamom als vielseitiges Gewürz, das in allen Duftfamilien zu Hause ist. Generell wird Kardamom aus Guatemala häufiger zur Parfumherstellung verwendet als jener aus Indien, da er von vielen Duftschöpfern als klarer und reiner empfunden wird. Das ätherische Öl wird per Wasserdampf aus den Samen destilliert.

Kardamom ist als frisches, aromatisches Küchengewürz mit medizinischem oder kampferartigem Duft bekannt. Seine Frische hat eine zitrische Facette, die in einem Parfum perfekt mit allen Zitrusölen harmoniert.

Kardamom gehört zu den besonders kostspieligen Inhaltsstoffen und ist nach Vanille und Safran das drittteuerste Gewürz der Welt. Zum Glück ist das Öl so aromatisch, dass bereits eine kleine Menge ausreicht, um ein Parfum zu prägen.

Meistens wird Kardamom als Herznote eingesetzt, um mit seiner Komplexität einem Parfum mehr Tiefe zu verleihen. Auch als Fixateur, der eine Duftkreation länger haltbar macht, ist er geeignet.

Kardamom stammt aus dem Südwesten Indiens und zählt zur Familie der Ingwergewächse (*Zingiberaceae*), der auch einige andere Gewürze angehören, zum Beispiel Kurkuma und Galgant. Aber im Gegensatz zu diesen Gewürzen und auch zum Ingwer werden vom Kardamom die Samen und nicht die Wurzeln verwendet. Die grünen Kapselfrüchte enthalten einen hohen Anteil an Monoterpenoiden, die hauptverantwortlich für das Aroma sind. In seiner Heimat Indien wird weltweit der meiste Kardamom angebaut, der Großteil davon wird jedoch auch dort verwendet.

ESSENZIELLE PARFUMS

Rose Cardamome
von La Closerie des Parfums

Vanilj
von Maya Njie

Oud Wood
von Tom Ford

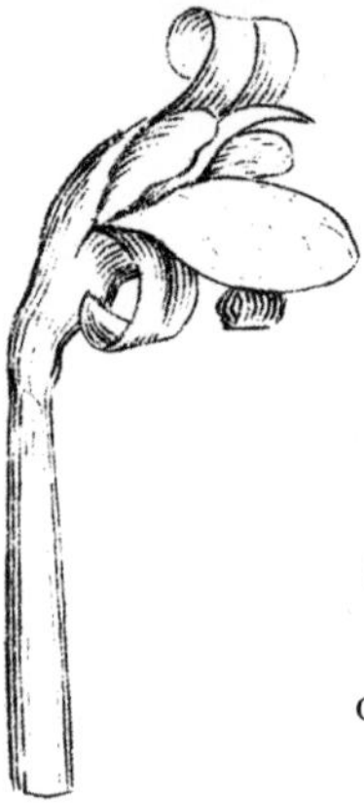

INGWER

Zingiber officinale – Zingiberaceae

Ingwer ist für ein Parfum ein wahrer Energiekick – frisch, belebend und aufregend. Meist taucht er in den Kopf- oder Herznoten einer Komposition auf und bereichert sie mit zitrischer Wärme. Er riecht würzig-spritzig und verlängert die Duftwirkung anderer Zutaten.

Seine zitronige Facette besitzt eine grüne Kiefernuance, die ihn zu einem spannenden Duftbaustein macht. Davon zeugt auch seine wachsende Beliebtheit.

Ingwer ist ein bekanntes Küchengewürz, das aber auch als Duftstoff schon länger als vielleicht erwartet genutzt wird: Bereits vor Hunderten Jahren diente er als Räucherwerk und Parfumzutat.

Zur Parfumherstellung wird Ingwer in natürlicher und synthetischer Form verwendet. Das natürliche Absolue wird in der Regel durch Lösungsmittelextraktion gewonnen, aber mittels Dampfdestillation kann auch ein Duftöl hergestellt werden. Dazu wird – wie in der Küche – der Wurzelstock der Pflanze und nicht die Blüte verwendet. Obwohl sein Duft an Zitrus erinnert, wird er botanisch als Gewürz kategorisiert – ebenso in der Parfumerie, wo er zu den Gewürznoten zählt.

Ingwer ist ein beliebter Bestandteil in maskulinen und femininen Düften, aber auch in Parfums, die als unisex vermarktet werden, zum Beispiel in Eau de Gingembre von Mizensir.

Die Familie der Ingwergewächse (*Zingiberaceae*) soll schon 65 Millionen Jahre alt sein. Auch der Ingwer, dessen Heimat sich von Indien bis nach Süd- und Zentralchina erstreckt, gehört dazu. Seit alter Zeit wird der Ingwer als Heil- und Küchenpflanze verwendet, unter anderem in Indien und China. Im alten Rom war er eine Handelsware. Heute ist Ingwer eine gängige Zutat in Backwaren und kandierten Süßigkeiten, aber auch zum Würzen von Currygerichten und zur Herstellung von Ginger Beer und Ginger Ale. Er gilt als Hausmittel bei Verdauungsbeschwerden und wird als potenzielles Mittel zur Behandlung der Reisekrankheit untersucht.

ESSENZIELLE PARFUMS

Molecule 01 + Ginger von Escentric Molecules

Naples von Gallivant

Crazy Hours 6 von Franck Muller

KREUZKÜMMEL

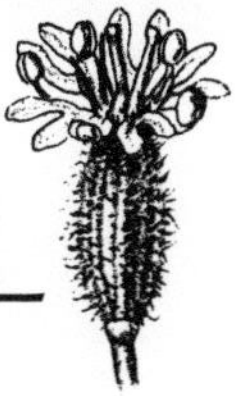

Cuminum cyminum – Apiaceae

Wenn Sie schon einmal eine Parfumerie für Nischendüfte besuchten – wo sich unkonventionelle Kreationen vom Angebot der großen Ladenketten abheben – haben sie vielleicht schon einmal Kreuzkümmel als Duftnote erlebt.

Das liegt daran, dass Kreuzkümmel ziemlich streng riecht und darum verwendet wird, um einem Duft einen Hauch von Avantgarde zu verleihen. Er ist erdig und warm, und mit seinen bitteren, säuerlichen und animalischen Noten kann er an Schweiß erinnern. Heutzutage dient er meist zur Imitation von Duftstoffen tierischen Ursprungs, zum Beispiel von Zibet.

Kreuzkümmel findet sich häufiger in Ambrée- und trockenen Chypre-Düften, wo er die olfaktorischen Gegensätze betont. Aufgrund seiner langen Haltbarkeit wird er oft als Basisnote eingesetzt.

Als Gewürz und Heilpflanze wird Kreuzkümmel seit über 5000 Jahren angebaut und verwendet, aber auch als Duftstoff wird er immer beliebter. Sein ätherisches Öl wird durch Dampfdestillation oder Lösungsmittelextraktion gewonnen. Da die Nachfrage nach ausgefallenen, animalischen Düften steigt, wird auch der Kreuzkümmel immer öfter in Parfums auftauchen.

Kreuzkümmel ist ein weiteres Mitglied der Familie der Doldenblütler (*Apiaceae*). Er stammt ursprünglich aus dem Iran und dem Nahen Osten, kann jedoch auch in kühleren Regionen angebaut werden, sofern er vor Frost geschützt wird. Die Pflanze ist klein, einjährig, und wird meist nur etwa 30 Zentimeter hoch. Die Samen sehen ähnlich wie die des Echten Kümmels aus und passen zu verschiedenen Speisen oder in Gewürzmischungen und Currypulver. Für den Geruch und Geschmack der Kreuzkümmelsamen ist vor allem das Terpenoid Cuminaldehyd verantwortlich.

ESSENZIELLE PARFUMS

L'Innommable
von Serge Lutens

Night
von Akro

Absolue Pour Le Soir
von Maison Francis Kurkdjian

GEWÜRZNELKE

Syzygium aromaticum – Myrtaceae

Nelkenöl wird aus den getrockneten Knospen einer Tropenpflanze der Familie der Myrtengewächse destilliert. Das Wort „Nelke" stammt vom mittelniederdeutschen „negelke" („kleiner Nagel"), das die Form beschreibt.

Die Blüten des Gewürznelkenbaums wachsen erst blassgrün aus den Spitzen der Zweige, werden langsam rot und dann geerntet, bevor sie sich öffnen. Sie enthalten einen hohen Anteil an Eugenol, ein natürlicher Stoff, der würzig, blumig und süß duftet. Zwar ist Eugenol auch in vielen anderen Gewürzen enthalten, etwa in Zimt, Ingwer oder Muskat, macht in Nelken aber den Hauptbestandteil aus (rund 70–90 Prozent) und trägt auch am meisten zum charakteristischen Geruch bei.

Kurioserweise ist Eugenol eine wichtige Komponente zur Nachbildung des Dufts der Gartennelke (siehe S. 28), einer Blume mit einer würzigen Note, die an Gewürznelke erinnert. Die Gewinnung eines ätherischen Öls aus der Gartennelke ist möglich, riecht aber ganz anders als die echte Blüte, darum wird ihr Duft meist mithilfe eines Akkords imitiert.

Auch aus den Blättern und Zweigen des Nelkenbaums kann ein Öl extrahiert werden. Dieses Nelkenblattöl hat ein schärferes Duftprofil und riecht leicht verbrannt und deutlich trockener.

Beide Arten des Nelkenöls werden als Duftstoffe sehr geschätzt und dienen oft als Herznote, um eine ausgeglichene Wärme zu erzeugen, die wunderbar zu Vanille, Harzen und holzigen Noten passt.

Syzygium aromaticum stammt ursprünglich von den Molukken (im heutigen Indonesien), wird mittlerweile aber in vielen anderen Regionen angebaut. Außer als Gewürz werden Nelken auch als Heilmittel verwendet oder in manchen Ländern in Zigaretten geraucht. Für ihren Geschmack und Geruch sorgt vor allem der Stoff Eugenol, der in der Zahnmedizin zur lokalen Betäubung, in Abdruckmassen und in Füllmaterialien Anwendung findet.

ESSENZIELLE PARFUMS

Chai
von Baruti

Satori
von Parfum Satori

Piper Nigrum
von Lorenzo Villoresi

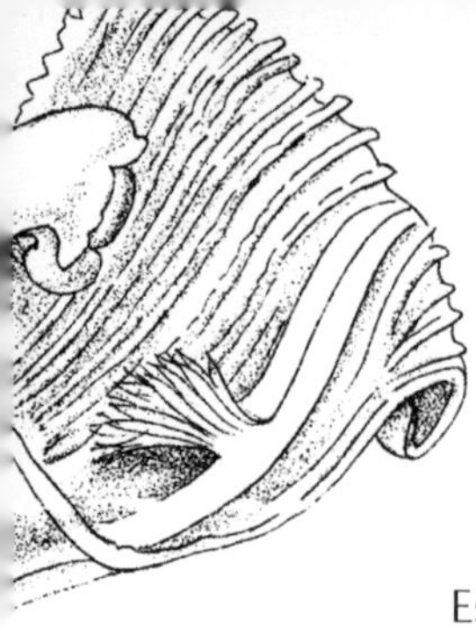

VANILLE

Vanilla planifolia – Orchidaceae

Es erscheint fast unmöglich, einen der wichtigsten und faszinierendsten Duftbausteine kurz zusammenzufassen.

Schätzungen zufolge enthalten mehr als 60 Prozent aller femininen Düfte, die heute auf dem Markt sind, Vanillenoten. Die meisten davon sind synthetischen Ursprungs (weil diese viel billiger sind). Sie duften auch angenehm, aber oft viel süßer als die natürlichen Stoffe.

Die Echte Vanille beginnt ihre lange, traditionelle Herstellung als grüne Kapsel, die auf einer Orchideenpflanze wächst. Werden die Blüten bestäubt, tragen sie Früchte, die nach der Ernte in einem aufwendigen Verfahren getrocknet werden und schließlich die bekannte dunkelbraune Farbe annehmen.

Wo und wie die Schoten verarbeitet werden, wirkt sich auf ihren Duft aus. Vanille aus Tahiti ist für ihre Süße bekannt, Bourbon-Vanille (benannt nach dem ehemaligen Namen für Réunion) für ihre komplexe Intensität und animalischen Nuancen, und Madagaskar-Vanille für ihren honigartigen, aber doch klaren und pudrigen Charakter.

Vanille (oder die künstlichen Aromen, die Facetten ihres Duftprofils einfangen) ist ein Hauptbestandteil vieler Ambrée- und Gourmand-Parfums. Sie ist ein luxuriöser Riechstoff, der als erdende Basis, als Teil eines Akkords oder, im Übermaß, als Hauptakteur eingesetzt werden kann.

Vanilla planifolia ist in den Regenwäldern Mittelamerikas zu Hause, wo sie sich als Kletterpflanze die Bäume hoch rankt. In ihrem natürlichen Verbreitungsgebiet werden die Blüten von Orchideenbienen bestäubt, aber der Großteil des weltweiten Anbaus findet in anderen Regionen statt, wo jede Blüte mühevoll von Hand bestäubt werden muss. Dieser arbeitsintensive Prozess ist für den hohen Preis verantwortlich. Der typische Vanillegeschmack wird vorwiegend von dem Stoff Vanillin erzeugt. Die meisten Vanillearomen auf dem Markt enthalten künstliches Vanillin, das aus Erdöl oder Holzresten statt teuren Naturextrakten erzeugt wird.

ESSENZIELLE PARFUMS

Vanille en Fleur
von Place des Lices

Jicky
von Guerlain

Love, don't be shy
von Kilian Paris

HÖLZER

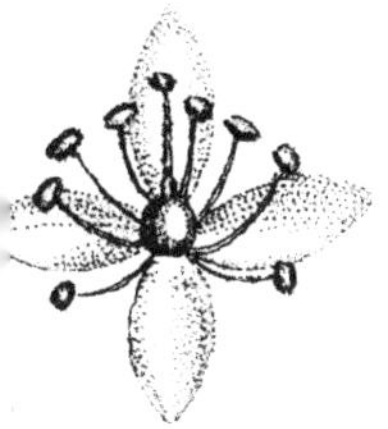

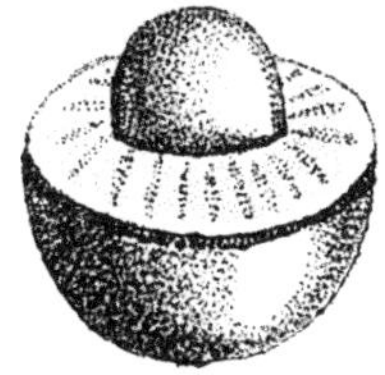

AMYRIS

Amyris balsamifera – Rutaceae

Amyris dient oft als Basisnote mit beeindruckenden fixierenden Eigenschaften und wird per Dampfdestillation aus dem Holz und der Rinde eines Baums gewonnen, der bis zu 30 Jahre lang braucht, um ätherisches Öl zu bilden.

Nach einem Auftakt aus balsamischer Süße wird Amyris weicher und offenbart eine holzige Wärme, die stark an Sandelholz erinnert. Aus diesem Grund wird Amyris fälschlicherweise auch als „Westindisches Sandelholz“ bezeichnet, was für Verwirrung sorgt, da das echte Sandelholz zu einer anderen Gattung gehört. Die Klassifikation von *A. balsamifera* wird noch weiter erschwert, da der Duft vorwiegend holzig ist.

Der größte Produzent von Amyris ist Haiti, wo die Pflanze auch *bois chandelle* („Kerzenholz“) genannt und von einheimischen Fischern als Fackel verwendet wird.

Obwohl Amyris selten lobenswert erwähnt wird, erlangte der Duft eine besondere Bekanntheit in der Parfumbranche, als der berühmte Parfumeur Francis Kurkdjian im Jahr 2012 zwei gleichnamige Kreationen unter seiner eigenen Marke auf den Markt brachte (eine maskuline und eine feminine) und den Riechstoff damit ins Rampenlicht rückte.

Amyris gehört zur selben Familie wie *Citrus* (*Rutaceae* – Rautengewächse), aber es besteht keine besonders enge Verwandtschaft zwischen den Pflanzen. Die Gattung stammt aus der Neuen Welt und besteht aus mindestens 53 Arten, die in Mittel- und Südamerika, einschließlich der Westindischen Inseln, vorkommen. Das Harz aus *A. balsamifera* ist reich an aromatischen Verbindungen (*balsamifera* bedeutet „balsamtragend“).

ESSENZIELLE PARFUMS

Amyris Homme/ Amyris Femme
von Maison Francis Kurkdjian

Vetiver Moloko
von Ex Nihilo

Papyrus Moléculaire
von Maison Crivelli

ZYPRESSE

Cupressus sempervirens – Cupressaceae

In Parfums entfaltet die Zypresse einen aromatischen Duft, der gleichzeitig frisch und holzig, aber merklich trocken ist.

Generell taucht Zypresse in traditionell maskulinen Parfums auf, wird aber auch eingesetzt, um blumigen, würzigen oder holzigen Düften mehr Tiefe zu verleihen. Oft ergänzt es die Basis eines Parfums um aromatische Untertöne. Zypressenöl wird per Hydrodestillation aus den Nadeln und Zweigen der Zypressenbäume gewonnen, aber die Produktion ist begrenzt. Für die Parfumherstellung werden das ätherische Öl und das Absolue verwendet.

Der grüne, holzige Duft von Zypresse legt Vergleiche mit ähnlichen Aromen nahe, etwa mit Kiefer. Aber Zypresse fällt besonders auf – und nicht nur wegen der bemerkenswert langen Haltbarkeit.

Der Duft von Zypresse erinnert an Weihrauch und deswegen galt der Zypressenbaum als heilig. Aus seinem Holz wurden sogar schon Särge für Päpste gezimmert. Die alten Griechen glaubten, dass der Duft von Zypressenöl den Geist beruhigen könne – eine Vorstellung, die auch heute noch auf Resonanz stößt. Oft wird vermutet, dass der Name der Duftfamilie „Chypre“ vom französischen Wort für „Zypresse“ abgeleitet ist, aber in Wirklichkeit stammt er von der französischen Bezeichnung für „Zypern“.

Die Taxonomie der Zypressenbäume wird noch diskutiert und bisher wurde nicht eindeutig bestimmt, ob die Arten der Alten und der Neuen Welt eine gemeinsame Gattung bilden oder in drei oder vier verschiedene Gattungen unterteilt werden sollen. Mehrere Arten sind in freier Wildbahn vom Aussterben bedroht und ihre Verbreitungsgebiete sind klein. Durch Abholzung, Überweidung oder Wüstenbildung werden sie weiter gefährdet. Die noch häufiger vorkommende Mittelmeer-Zypresse stammt aus dem östlichen Mittelmeerraum, wo hohe, schlanke Sorten oft als Zierbäume angepflanzt werden. Der Artname bedeutet „immergrün“. Die Hauptbestandteile des Zypressenöls sind die Monoterpenoide Alpha-pinen und 3-Caren.

ESSENZIELLE PARFUMS

Encre Noire
von Lalique

Abu Dhabi
von Gallivant

Cypress & Grapevine Intense
von Jo Malone

SANDELHOLZ

Santalum album – Santalaceae

Selbst wenn die Welt der Parfums für Sie Neuland ist, kennen Sie wahrscheinlich das berühmte Sandelholz.

Es zählt zu den kostbarsten Ölen im Duftbaukasten eines Parfumeurs und wird seit über 2000 Jahren verwendet. Das ätherische Öl wird durch Dampfdestillation aus dem Kernholz des Baums gewonnen. Es verleiht einem Duft eine unverwechselbar cremige, milchige und natürlich auch holzige Facette.

Das Öl kommt in vielen Arten vor, aber das beliebteste für die Parfumherstellung findet sich in *Santalum album* und wird auch Ostindisches Sandelholz genannt. Im späten 20. Jahrhundert war die Nachfrage nach diesem Öl so groß, dass der Baum fast ausgestorben war. Indien erlegte ein Ausfuhrverbot und Westaustralien entschärfte den Angebotsdruck durch den Anbau von *Santalum album* auf nachhaltigen Plantagen. Aus Australien stammt heute auch der Großteil des Ostindischen Sandelholzöls.

Die Herstellung des Öls verlangt viel Geduld. Die Bäume werden meist nicht vor dem 15. Jahr gefällt, denn je älter der Baum, desto dicker ist der Stamm – und desto mehr Öl enthält sein Kernholz.

Im Laufe der Zeit wurde Sandelholz immer stärker mit traditionell maskulinen Parfums assoziiert, es findet sich aber auch in vielen femininen Düften. Es ist eine wichtige Basisnote, die einem Parfum eine tiefe Komplexität und außerordentliche Haltbarkeit verleiht.

Der Sandelholzbaum wächst als kleiner Baum oder großer Strauch, vorwiegend in tropischen Wäldern. Sein Verbreitungsgebiet erstreckt sich von Java bis nach Nordaustralien. Er ist ein Halbschmarotzer, der seine Nährstoffe größtenteils aus Wirtspflanzen bezieht. In der traditionellen Pflanzenheilkunde wurde Sandelholz zur Behandlung von Harnwegsinfekten eingesetzt und es besitzt antibakterielle Eigenschaften. Das Holz wird für Schnitzereien, oft mit kultureller Bedeutung, genutzt. Die Art ist gefährdet und könnte bald vom Aussterben bedroht sein.

ESSENZIELLE PARFUMS

Samsara
von Guerlain

Sandalwood Sacré
von Le Jardin Retrouvé

Santal 33
von Le Labo

ADLERHOLZ

Aquilaria-Arten – Thymelaeaceae

Das moderne Wort „Parfum“ leitet sich vom lateinischen *per fumum* ab, was „durch Rauch“ bedeutet, denn die älteste Form der Beduftung geschah durch die Verbrennung von aromatischen Rohstoffen.

Ein solcher Stoff, dessen Nutzung durch Erwähnungen in religiösen Texten bis ins Altertum zurückverfolgt werden kann, ist Oud.

Oud ist ein zähflüssiges Harz, das aus dem Kernholz von Bäumen der Gattung *Aquilaria* stammt. Im Laufe ihres Lebens werden einige wenige dieser Bäume von einem Pilz befallen. Der infizierte Baum reagiert darauf mit der Absonderung einer dunklen, klebrigen Substanz, die ein komplexes Duftprofil aufweist.

Als Parfumzutat kann Oud unglaublich viele Assoziationen wecken. Für sich genommen ist es dunkel und rauchig, aber in Kombination mit anderen Materialien kann eine Fülle an weiteren Noten entstehen – und es ist auch ein guter Fixateur: ein Stoff, der andere zusammenhält, wodurch ein Duft haltbarer wird.

In seiner reinsten Form ist Oud, dem Gewicht nach, anderthalbmal so viel wert wie Gold. Sein Duft reift mit dem Alter nach, das heißt, je älter das Holz, desto teurer wird es. Aus diesem Grund ist der Großteil des heute erhältlichen Oud eine Nachbildung aus anderen Rohstoffen.

Adlerholz ist ein altes Mittel in verschiedenen Heilkunden, unter anderem im Ayurveda, Unani und in der traditionellen chinesischen Medizin. Die Rinde, das Holz und das Harz sollen eine kräftigende Wirkung haben und bei Atem- und Verdauungsbeschwerden, Fieber und Rheuma helfen. Andere Verwendungszwecke sind etwa das Schnitzen von Schmuck aus dem Holz oder das Würzen von Currygerichten mit den Blättern. Mindestens 21 verschiedene Arten von *Aquilaria* sind bekannt. Ihr Verbreitungsgebiet reicht vom indischen Bundesstaat Assam bis nach Südchina und Neuguinea. Das Holz mancher Arten ist so gefragt, das ihr Bestand in der Natur zurückgeht und sie vom Aussterben bedroht sind.

ESSENZIELLE PARFUMS

Kampuchea Noir
von Xerjoff

Oud Extravagant
von Maître Parfumeur et Gantier

The Night
von Frédéric Malle

EUKALYPTUS

Eucalyptus-Arten – Myrtaceae

Der krautige, holzige Duft von Eukalyptus wird oft mit Wellness, Entspannung, Seifen oder auch Mundwasser in Verbindung gebracht. In Parfums wird er oft verwendet, um maritime Noten, Frische und Luftigkeit zu erzeugen.

Bei den Ureinwohnern Australiens ist Eukalyptusöl ein altes Heilmittel und in der Aromatherapie sagt man ihm eine aufheiternde und entspannende Wirkung nach.

Das natürliche Eukalyptusöl wird per Wasserdampf aus den Blättern der Pflanzen extrahiert. Wer schon einmal das reine Öl gerochen hat, weiß, wie intensiv es ist. Es kann einen Duft leicht überwältigen und es mit anderen Zutaten auszubalancieren, ist eine Kunst für sich. Die kommerzielle Produktion des Öls begann im 18. Jahrhundert und das australische Eukalyptusöl gilt immer noch als eines der besten, obwohl es mittlerweile auch in anderen Teilen der Welt hergestellt werden kann.

Wie viele Zitrusnoten ist Eukalyptus leicht und belebend und wird daher oft für einen frischen Unisex-Auftakt in den Kopfnoten eines Parfums eingesetzt.

Nach Europa gelangten die Eukalypten, auch Blaugummibäume genannt, vermutlich durch den Naturforscher und Botaniker Joseph Banks, der den Seefahrer James Cook auf seiner Reise auf der HMS *Endeavour* (1768–1771) begleitet hatte. Im 19. Jahrhundert wurden aus dem Holz des Blauen Eukalyptus (*Eucalyptus globulus*) die Kiele von Schiffen gefertigt. Bekannt sind die Bäume für ihr duftendes Öl, das eine antiseptische Wirkung haben soll. Zubereitungen aus der Rinde wurden früher zum Reinigen von Wunden verwendet, während das Harz als Mittel gegen Ruhr eingenommen wurde. Heute wird ätherisches Eukalyptusöl oft inhaliert, um die Nase zu befreien.

ESSENZIELLE PARFUMS

Sicile
von Place des Lices

Sumo Wrestler
von J-Scent

Royal Mayfair
von Creed

MAMMUTBAUM

Sequoia sempervirens – Cupressaceae

Akkorde lassen sich manchmal am besten als die Bausteine der Parfumschöpfung beschreiben.

Statt aus vielen winzigen Teilen eine Struktur aufzubauen, sortieren Parfumschaffende die Rohstoffe vorab in Gruppen und setzen sie nacheinander zusammen. Manchmal wird ein Akkord aber auch benötigt, wenn das gewünschte Material nicht in seiner natürlichen Form vorliegt.

Der Küstenmammutbaum aus der Gattung *Sequoia* ist ein unglaublich hoher Nadelbaum aus der Familie der Zypressengewächse. Wie viele andere Bäume, die für die Parfumherstellung relevant sind, besitzt er ein ölreiches Kernholz mit einem intensiv holzigen Duft. Leider sind die Sequoia-Bäume mittlerweile eine gefährdete Art, unter anderem wegen immer schlimmeren Waldbränden, Dürren und Eingriffen des Menschen. Um diesen zypressenartigen Duft in einem sogenannten „Fantasieakkord" für Parfums nachzubilden, ist Kreativität gefragt.

Das Zusammenfügen von Akkorden, um einen Naturstoff originalgetreu zu imitieren, ist eine schwierige Angelegenheit und das Ergebnis grundsätzlich subjektiv. Welche Akkorde ihrem Vorbild am nächsten kommen, wird ständig diskutiert. Das klingt, als wäre Sequoia eine selten verwendete Note, aber sie taucht in überraschend vielen Parfums auf – von Sequoia Wood von der Nischenmarke The Perfumer's Story by Azzi bis zum Massenprodukt Heat von Beyoncé.

Die Küstenmammutbäume (auch Küsten-Sequoien genannt) bilden die größte bekannte Baumart und können über 115 Meter hoch werden. Durch Anpassung sind sie in der Lage, Nebel einzufangen und daraus einen Großteil ihres Wasserbedarfs zu decken. Ihre besonders dicke Rinde bietet einen gewissen Schutz vor Waldbränden. Ihre Heimat ist ein kleiner Küstenstreifen in Kalifornien, wo die Bedingungen genau richtig sind, aber seitdem sie als Zierbäume (für große Gärten) oder für Forstkulturen nach Europa gebracht wurden, haben sie sich auch in anderen Ländern eingebürgert.

ESSENZIELLE PARFUMS

Pour Homme Equus
von Lalique

Sequoia Wood
von The Perfumer's Story by Azzi

Giant Sequoia
von Demeter Fragrance

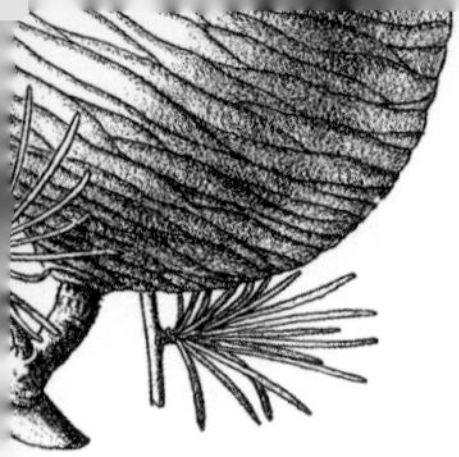

ZEDERNHOLZ

Cedrus-Arten – Pinaceae

Die erste dokumentierte Verwendung von Zedernholz datiert auf 1800 v. Chr und viele glauben, dass es das erste Material war, aus dem ein ätherisches Öl destilliert wurde.

Heute ist es immer noch ein wichtiger Rohstoff, der in der Parfumbranche für seine ausgleichende Wirkung, tiefe Sinnlichkeit und fixierenden Eigenschaften geschätzt wird.

Schon die alten Ägypter sollen Zedernharz zum Einbalsamieren der Toten verwendet haben und für die Römer bedeutete ihr lateinischer Name *cedrus* im übertragenen Sinne „Unsterblichkeit".

Es gibt mehrere Zedernarten, aber für die Parfumindustrie ist vor allem eine von großer Bedeutung: die Atlas-Zeder (*Cedrus atlantica*), die in großen Höhenlagen angepflanzt wird. Ihr Ertrag an ätherischem Öl ist höher und ihr Geruch ist weicher und feiner als bei anderen Arten. Bei richtiger Lagerung des Öls kann der Duft sogar noch nachreifen.

Zedernholzöl wird mit Wasserdampf destilliert und ist für sich genommen schon eine wichtige Duftnote, wird aber auch oft für Akkorde verwendet – wobei ein Rohstoff durch die Kombination anderer Materialien imitiert werden soll, zum Beispiel Sandelholz, Patschuli und Vetiver.

Der Zederduft ist erwartungsgemäß holzig, enthält aber auch warme, harzige Facetten. Er wird mit dem Geruch von Bleistiftspänen und Zigarrenkisten assoziiert – beide bestehen oft aus Zedernholz.

Es gibt nur drei echte Zedernarten: die Libanon-Zeder (*Cedrus libani*), die im Nahen Osten beheimatet ist; die Atlas-Zeder (*C. atlantica*), die aus dem Atlasgebirge von Marokko stammt; und die Himalaya-Zeder (*C. deodara*). Allerdings werden einige Arten aus der Familie der Zypressengewächse manchmal als Zedern bezeichnet (vor allem Wacholder und Thuja) und auch ihr Öl wird als solches verkauft. Da die Libanon- und Atlas-Zeder mittlerweile in freier Wildbahn gefährdete Arten sind, wird häufig das Öl des Virginischen Wacholders (*Juniperus virginiana*) an ihrer Stelle verwendet.

ESSENZIELLE PARFUMS

Féminité du Bois
von Serge Lutens

Tokyo
von Gallivant

Cèdre Atlas
von Atelier Cologne

KIEFER

Pinus-Arten – Pinaceae

Es gibt über 120 bekannte Kiefernarten – das Duftbäumchen am Rückspiegel im Auto zählt aber nicht dazu. Am häufigsten wird die Kiefer wegen ihres Dufts verwendet.

In der Parfumerie werden so einige dieser vielen Arten verwendet und jede bereichert eine Duftkomposition mit anderen Tönen und einem eigenen Charakter. Um es ganz offensichtlich zu sagen: Manche sind wegen ihrer Holzigkeit gefragt, etwa die Waldkiefer (*Pinus sylvestris*) und die Sibirische Zirbelkiefer (*P. sibirica*), andere bringen Frische, zum Beispiel die Weymouth-Kiefer (*P. strobus*). Neben ihren individuellen Facetten besitzen die meisten Kieferndüfte eine harzige Qualität, die für Parfums besonders nützlich ist. Das frische, aromatische, holzige Wesen der Kiefer unterscheidet sie von vielen anderen Holznoten.

Die gängigste Methode zur Herstellung des ätherischen Kiefernöls ist die Destillation des Harzes, das aus den Stämmen und Ästen des Baums gewonnen wird, oft durch Anritzen der Rinde.

Im alten Ägypten wurde Kiefernöl zum Einbalsamieren der Toten verwendet und im Mittelalter wurde damit der Gestank der Städte übertüncht. Heute ist es vor allem als Raumduft und in Pflegeprodukten für Männer zu finden.

Viele Kiefernarten sind schnellwüchsig und ihr weiches Holz ist leicht zu bearbeiten, was sie zu wichtigen Nutzhölzern macht. Aus dem Harz mancher Arten wird Terpentin hergestellt. Die Samen der Pinie (*Pinus pinea*) sind essbar und als Pinienkerne bekannt. Aus den Kiefernnadeln wird ein ätherisches Öl destilliert, das als Duft- oder Geschmacksstoff oder zum Inhalieren verwendet wird. Das Öl wird vorwiegend aus den Arten Bergkiefer (*P. mugo*) und Waldkiefer (*P. sylvestris*) hergestellt und besteht zum Großteil aus Monoterpenoiden.

ESSENZIELLE PARFUMS

Gypsy Water
von Byredo

Hugo Man
von Hugo Boss

Forest Lungs
von The Nue Co.

GUAJAKHOLZ

Plectrocarpa sarmientoi – Zygophyllaceae

Überraschenderweise stammt der Guajakholz-Duft in Parfums meist nicht aus einem Guajakbaum, sondern wird aus einem anderen Baum extrahiert – aus dem ein bekannter Rohstoff stammt: Palo Santo.

Guajakbäume wachsen in den tropischen Regionen Lateinamerikas, unter anderem in Bolivien, Brasilien, Paraguay und Argentinien. Einige der besten Parfumhäuser verwenden Holz aus Paraguay. Das Öl wird durch Dampfdestillation aus den Holzschnitzeln und Sägespänen des Baums gewonnen.

In Parfums ist Guajak ein fast zähflüssiger Duft – reichhaltig, holzig und balsamisch. Manche nennen ihn honigsüß, für andere riecht er erdiger und erinnert leicht an Teer. Der Duft des Öls hängt jedenfalls stark vom verwendeten Rohstoff ab und kann von einem Extrem – einer teerigen, rauchigen, ledrigen Note – zum anderen schwanken – einer viel süßeren, dichteren Holznote mit Vanille- und Honigfacetten. Er riecht nicht ganz so erdig wie Oud, aber viel reichhaltiger als Sandel- und Zedernholz.

Außer für seinen unmittelbaren, unverkennbaren Duft wird Guajak in Parfums auch für seine fixierenden Eigenschaften geschätzt und dient als Baustein für Vanille- und Zedernholznoten.

Die großen Bäume, die auch unter dem Synonym *Bulnesia sarmientoi* und als „Palo Santo“ bekannt sind, liefern fäulnisresistentes Holz, das sich gut zum Bauen von Häusern und Schiffsteilen eignet. Guajak wird auch in der Pflanzenheilkunde und als Insektenschutzmittel verwendet. Das Überleben der Art ist aufgrund von Entwaldung und der starken Nachfrage nach dem Holz gefährdet. Darum stehen die Bäume mittlerweile unter Schutz und der weltweite Handel bestimmter Guajakprodukte ist reguliert und eingeschränkt, um die Art zu erhalten.

ESSENZIELLE PARFUMS

Gaiac 10
von Le Labo

Into the Void
von Juliette Has A Gun

The Architects Club
von Arquiste

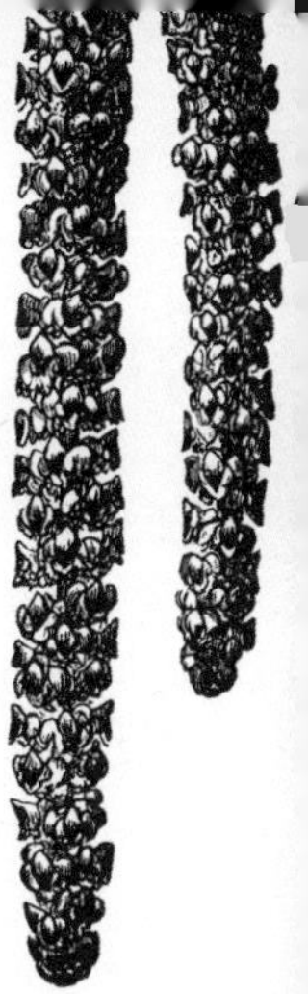

BIRKE

Betula-Arten – Betulaceae

Als Holznote, die häufig als ledrige Facette eingesetzt wird, ist Birke – oder genauer gesagt „Birkenteer“ – ein wichtiger Riechstoff der Parfumbranche. Oft taucht er aufgrund seines einzigartig ledrigen, animalischen und holzigen Charakters in opulenten Holz- und Chypre-Düften auf.

Der Birkenteer wird mithilfe von Pyrolyse aus der Rinde der Bäume gewonnen. Bei diesem Verfahren wird durch die Erhitzung eines Feststoffs eine Flüssigkeit oder ein Gas erzeugt. Das ätherische Öl wird „rektifiziert“, wobei die Rohmischung des Birkenteeröls erneut erhitzt wird. Birkenteeröl wird seit vielen Jahrhunderten zum Gerben von Leder verwendet, darum ist es kein Wunder, dass diese holzige Note auch an den Geruch des tierischen Materials erinnert.

In der Welt der Parfums ist die Birke der Gentlemen’s Club – komplett mit Holzvertäfelung, Ledersessel und einem knisternden Feuer im offenen Kamin. Die ledrigen und holzigen Noten werden von einer sanften Rauchigkeit begleitet. Als Duftstoff wurde Birkenteer bereits im 16. Jahrhundert verwendet. Er findet sich häufiger in maskulinen Kreationen, aber auch in Parfums wie Cuir de Russie von Chanel (1924), wo er als Ledernote in einem Duft für Frauen auftaucht.

Birken sind in der gemäßigten Zone der Nordhalbkugel zu Hause. Aus ihrem Holz werden verschiedene Produkte hergestellt, unter anderem Holzkohle, Papier und sogar Spielzeug, und ihre Zweige werden zu Reisigbesen gebunden. In der Volksmedizin fanden Birkenblätter bei Harnwegsinfekten und zur Entwässerung Anwendung. In Laborstudien wurden in Birkenrindenextrakten entzündungshemmende Eigenschaften nachgewiesen, die auch die Wundheilung fördern sollen. Zubereitungen aus Birkenteeröl, das aus dem Holz und der Rinde der Hängebirke (*Betula pendula*) gewonnen wird, wurden zur Linderung mancher Hauterkrankungen eingesetzt.

ESSENZIELLE PARFUMS

Cuir de Russie
von Chanel

Aventus
von Creed

Habit Rouge
von Guerlain

SONSTIGE

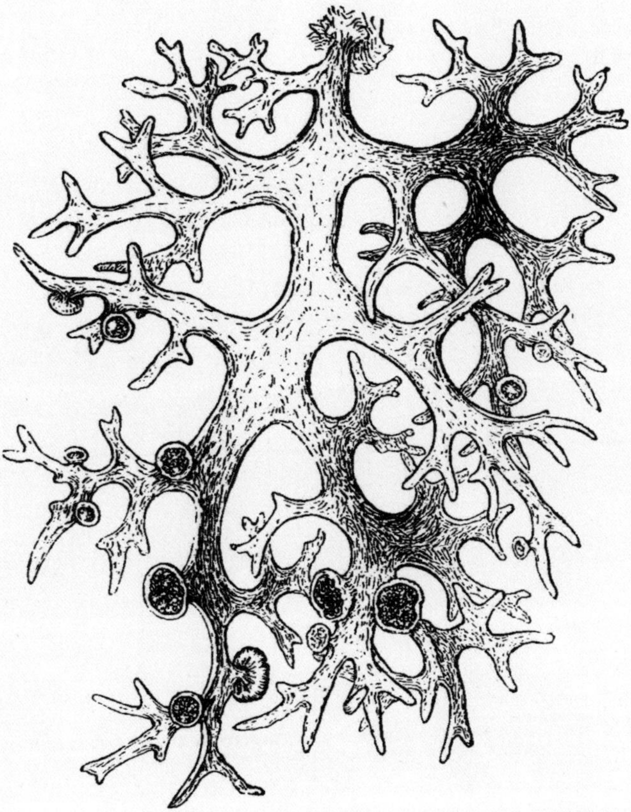

EICHENMOOS

Evernia prunastri – Parmeliaceae

Eichenmoos ist ein überraschend wichtiger Riechstoff in der Parfumindustrie. Es verleiht einem Duft nicht nur eine trockene Wärme, sondern ist auch eine Grundzutat in Chypre-Parfums.

Eigentlich kann ein Parfum ohne Eichenmoos kein Chypre-Duft sein, denn der „Chypre-Akkord" basiert auf einer Kombination aus Eichenmoos und Patschuli. Es ist allgemein anerkannt, dass alle modernen Chypres dem selben Vorbild folgen: Chypre de Coty von Coty, das erstmals 1917 auf den Markt kam. Diese Art von Parfum, die ursprünglich von der Insel Zypern (frz. *Chypre*) inspiriert war, gab es bereits im alten Rom (wo sie aber wohl etwas anders rochen).

In der Parfumbranche gilt Eichenmoos als Fixateur: Es verlängert die Haltbarkeit eines Dufts auf der Haut. Da einige seiner Bestandteile mittlerweile als Allergene eingestuft werden, wird Eichenmoos heute in kleineren Mengen verwendet und es gibt Fortschritte beim Versuch, die problematischen Moleküle aus dem Absolue zu entfernen.

Eichenmoos und viele andere Öle werden durch Lösungsmittelextraktion aus ihren Rohstoffen gewonnen. Dabei wird das Pflanzenmaterial in ein Lösungsmittel eingelegt (Ethanol, Hexan, Benzol oder anderes) und das Mittel anschließend durch Verdampfung entfernt. Heraus kommt eine wachsartige Paste, das sogenannte „Concrète", das mithilfe von Alkohol weiter extrahiert wird, bis das Absolue übrig bleibt. Zur Herstellung von 1 Kilogramm Absolue werden 100 Kilogramm Eichenmoos benötigt.

Trotz seines Namens ist Eichenmoos gar kein Moos, sondern eine Flechte. Flechten sind Lebensgemeinschaften (Symbiosen) aus zwei unterschiedlichen Arten. Das bedeutet, beide Organismen sind voneinander abhängig. Im Fall der Flechten handelt es sich um Pilze und Algen. Der Pilz bietet den Lebensraum für die Alge (die normalerweise im Wasser lebt) und die Alge versorgt den Pilz mittels Photosynthese mit Nährstoffen.

ESSENZIELLE PARFUMS

Chypre de Coty
von Coty

Paloma Picasso
von Paloma Picasso

Aleksandr
von Arquiste

REGISTER

Kursive Seitenzahlen werden verwendet, wenn der Name eines Parfums oder Duftstoffs auf eine Ziffer endet.

BILDNACHWEIS

Sämtliche Bilder stammen aus dem Archiv der Royal Botanic Gardens, Kew, mit folgenden Ausnahmen:

Alamy: Album: S. 119; /Art World S. 61; / Buccaneer S. 133; /Gado Images S. 84; /Gameover S. 91, 129; /Patrick Guenette S. 98, 114, 118, 121, 122, 125, 144, 168; /Historische Bildersammlung von Bildagentur-online S. 69; /Marina Gorskaya S. 188; /The Natural History Museum S. 113; /Penta Springs Limited S. 93, 94; /Well/BOT S. 29; /Quagga Media S. 38, 57, 36, 138

Getty Images: Ilbusca S. 27, 127, 142-143, 148, 158, 181, 192; /Milkroman6 S. 154-155, S. 173; /Thepalmer S. 134; / Universal Images Group S. 200

Stock.adobe.com: Acrogame S. 68-69, 76; /Basicmoments S. 182-183, 197; / Doublebubble_rus S. 4, 41; /Foxyliam S. 4, 198-199, 201; /Good Studio S- 8-9, 19; /J_ka S. 78; /Kseniia S. 4, 141; / Morphart S. 5, 18, 24-25, 54, 80; / Natspace S. 71; /Hein Nouwens S. 105, 196; /Sabelskaya S. 4-5, S. 106, S. 108-109, 112; /Sad S. 20; /STV S. 185; / Unorobus S. 12; /Zdenek Sasek S. 45

Wellcome Collection: S. 79, 87

Titel der Originalausgabe: *Fragrance*

Hambakenwetering 8B
5231 DC 's-Hertogenbosch
Niederlande
www.librero-ibp.com

Erstmals 2024 veröffentlicht von Welbeck, einem Imprint von Headline Publishing Group Limited

Übersetzung aus dem Englischen: Nina Kavelar, Köln
Redaktion und Satz der deutschen Ausgabe: Print Company Verlagsges.m.b.H., Wien

Printed in Guangzhou, China GGDP092025

ISBN: 978-94-6499-190-1